DAS ORIGINAL

JAGUAR XK

409 AXT

DAS ORIGINAL

JAGUAR XK

Philip Porter
Fotos: Tim Andrew
Herausgegeben von Mark Hughes

HEEL

IMPRESSUM

HEEL Verlag GmbH
Gut Pottscheidt
53639 Königswinter
Tel.: 02223 9230-0
Fax: 02223 9230-26
info@heel-verlag.de
www.heel-verlag.de

Englische Originalausgabe:
Bay View Books Ltd from
MBI Publishing Company
729 Prospect Avenue
Osceola, WI 54020-0001
USA
Englischer Originaltitel: The Original Jaguar XK

Deutsche Übersetzung: Peter Braun
Lektorat: Joachim Hack
Satz: Fotosatz Hoffmann
Titelbild: © sports car pics

Printed in Romania

ISBN 978-3-95843-308-3

Inhalt

Vorwort

Meiner Meinung nach sollte die Maxime „Jeder nach seiner Façon“ auch oder gerade für Autos gelten – die Jaguar XK eingeschlossen. Wenn nun also einer seinen Wagen orange mit violetten Streifen und rosaroten Punkten lackiert, dann ist das allein seine Entscheidung, und weder ich noch irgendjemand sonst darf ihm dreinreden.

Die meisten XK-Besitzer sind jedoch auf größtmögliche Originalität ihres Wagens bedacht, einige davon natürlich fanatischer als andere. Am liebsten wäre ihnen dabei ein am Tage der Produktion eingemottetes Exemplar aus erster Hand, doch der Zahn der Zeit, Streusalz und oft reichlich unbekümmerte Vorbesitzer haben meistens ihre Spuren hinterlassen, und so befinden sich nur sehr wenige Jaguar XK in absolut originalem Bestzustand.

Die Frage, ob nun zum Beispiel die Kotflügel-Kederleisten aus Kunstleder oder PVC gefertigt waren (um nur einen Streitpunkt zu nennen), mag für viele an der Grenze zur Haarspalterei liegen, für andere XK-Besitzer ist die Beschäftigung mit solchen Detailfragen ein wesentlicher Bestandteil des Oldtimerhobbys. In Anbetracht der weit auseinandergehenden Ansichten begibt man sich auf der Suche nach dem heiß diskutierten Original nur allzu leicht aufs Glatteis, obwohl sich hier im Laufe der Zeit gewisse Kriterien herausgebildet haben.

Um Wunsch und Wirklichkeit auseinanderzuhalten, wurden für dieses Buch nicht weniger als 10 meisterhaft restaurierte Exemplare abgelichtet, und weil über den reinen Informationsgehalt hinaus auch die ästhetische Seite nicht zu kurz kommen sollte, hat sich Tim Andrew, einer der Top-Automobilfotografen Großbritanniens, eine Woche freigenommen, um die Demonstrationsmodelle vor den schönsten Hintergründen auf Film zu bannen. Die Bilder sprechen für sich. Tim hat jeden Blickwinkel ausprobiert, um auch wirklich jedes Detail und jede Stimmung einzufangen – und für das Titelbild sogar unter größtem körperlichen Einsatz einen Apfelbaum erklommen! Die meisten Aufnahmen zu diesem Buch entstanden übrigens in der Nähe der Bergrennstrecke von Prescott in der Grafschaft Gloucestershire.

Doch mit der Ablichtung allein war es natürlich noch nicht getan. Aus den zahllosen Fotos mußten die aussagekräftigsten, schönsten und detailgetreuesten ausgewählt werden, und da es wohl keinen Allround-Experten für alle Fragen zu allen XK-Modellen gibt, lud ich kurzerhand die intimsten XK-Kenner der britischen Jaguar-Szene ein, um die Fotos mit uns durchzugehen und kein Blatt vor den Mund zu nehmen. Sie nahmen mich beim Wort.

Aubrey Finburgh von Classic Autos kann auf 20 Jahre XK-120-Erfahrung zurückblicken, in denen er unter anderem museumsreife Komplettrestaurationen und diverse Kunstspenglerarbeiten durchführte. Richard Woodley ist ein in der Szene hoch angesehener Enthusiast und Sammler, der im Laufe der letzten Jahre mehrere exzellente XK sein eigen nannte und schon viele Ausstellungen und Schönheitswettbewerbe organisiert und als Jurymitglied mitgestaltet hat. John Pearson hat in der Vergangenheit unzählige XK besessen, er ist mit ihnen Rennen gefahren, hat sie restauriert und verkauft. Bob Smith von RS Panels zählt zu den begabtesten XK-Karosseriespenglern und bedeutendsten XK-Restauratoren in Großbritannien. Mick Turley von Suffolk & Turley, den ehemaligen Jaguar-Polsterern, genießt bei XK-Kennern einen beneidenswerten Ruf. David Cottingham von DK Engineering hat seine vielen selbst restaurierten XK ebenfalls mit einigem Erfolg im Rennsport eingesetzt und besitzt heute ein sehr bekanntes, sagenumwobenes Exemplar. Ian MacLeod und sein Sohn Bruce von Contour Autocraft haben sich der Nachfertigung von Reparaturblechen und Rohkarosserien verschrieben und können sich vor Aufträgen kaum retten. John Hedges gehört zum festen Inventar der Szene und hat viele schöne Jaguar-Treffen und -Wettbewerbe in Beaulieu organisiert. John Bridcutt war nicht nur bis vor kurzem Vorsitzender des XK-Registers im Jaguar Drivers Club, sondern beschämte uns alle, indem er mit seinem täglich bewegten XK 140 zum Treffen erschien. Allen Genannten gilt mein besonderer Dank für ihre unschätzbare Hilfe.

200 Jahre gesammelte XK-Erfahrungen waren da an einem Tisch über den zur Auswahl vorgelegten Fotos versammelt, und wir stellten sehr schnell fest, daß keines der fotografierten Exemplare perfekt war und wir auch in dieser Hinsicht eine Auswahl treffen mußten. Ich hatte mich zusätzlich zu diesem Sechs-Stunden-Expertenmarathon im Jaguar-Archiv eingeschlossen, wo ich mich mit der freundlichen Erlaubnis und Unterstützung von Archivar Ian Luckett, der schon vielen Jaguar-Besitzern die „persönlichen Daten" ihres Wagens herausgesucht hat, durch Berge von vergilbtem, angestaubtem Papier wühlte.

Ich stieß auf eine unglaubliche Fülle von Informationen über kleine und kleinste Modifikationen, die seit Ende der vierziger Jahre in die laufende Serie eingeflossen waren. Natürlich kann und will ich in diesem Buch nicht auf jede veränderte Schraube oder weggelassene Unterlegscheibe eingehen, doch habe ich beim Studium der Produktionsberichte mit Ians Hilfe auch die Lösung des Rätsels um das Kotflügel-Kederband gefunden!

Was man bei der Festschreibung von Originalitätsmerkmalen jedoch nicht vergessen darf ist die Tatsache, daß der Kunde gegen Aufpreis jede gewünschte Farbe oder Farbkombination bestellen konnte und es daher eine Fülle von Sonderausführungen gegeben hat. Ich habe versucht, wenigstens eine Art Grundregelwerk zu erstellen, und mich deshalb in die umfangreiche Korrespondenz zu diesem Thema in den letzten zehn Jahren eingelesen. Mein Dank gilt folglich auch all denen, die bereits vor mir Auskünfte eingeholt haben, und das waren offensichtlich nicht wenige XK-Besitzer!

Ein ganz großes Dankeschön geht natürlich an die Besitzer der fotografierten Wagen, die uns ihre Lieblinge völlig arglos überließen und ohnmächtig mitansehen mußten, wie die Jury mit gefletschten Zähnen über ihre Opfer herfiel! Ich hoffe, daß wir in unserer überkritischen Haltung keine Gefühle verletzt haben und daß die wirklich kleinste Details betreffenden Bemerkungen nicht falsch verstanden wurden!

Vic Gill (silberner XK 120 Roadster), Stuart Holden (grüner XK 120 Roadster), Michael und Peter Sargent (XK 120 Coupé), Pieter Zwakman (XK 120 Cabriolet), Barrie Williams (XK 140 Cabriolet), Alan Minchin (XK 140 Roadster), John Ruff (XK 140 Coupé), Chris Fletcher (XK 150 Coupé), Peter Walker (XK 150 Roadster) und John Schofield (XK 150 Cabriolet) haben viel Zeit investiert und ich hoffe, daß die großartigen Fotos sie für ihre Mühen zumindest zum Teil entschädigen. Wir schätzen uns glücklich, daß wir vor der malerischen Kulisse von Prescott fotografieren durften, und bedanken uns auf diesem Wege noch einmal bei Geoffrey und Sue Ward vom Bugatti Owners Club für ihre außerordentlich großzügige Unterstützung.

Die Untersuchung des Ersatzteilangebots und der Austauschbarkeit von Teilen wurde durch die tatkräftige Hilfe von Trevor Scott-Worthington von Coventry Auto Components und seinen umfassenden Katalog über nachgefertigte Originalteile ungemein erleichtert.

Persönlich bedanken möchte ich mich bei meinem Verleger, Charles Herridge, der mich mit der herausfordernden und streckenweise beängstigenden Aufgabe, dieses Buch zu schreiben, betraut hat, und dem Herausgeber dieser Buchserie, meinem Freund Mark Hughes, der mir monatelang mit Rat und Tat zur Seite gestanden hat und sechs Stunden lang geduldig den Diaprojektor bediente!

Ziel des Buches „Das Original: Jaguar XK" ist es, etwas von der Faszination dieser Sportwagen einzufangen und all denen zur Seite zu stehen, die sich vorgenommen haben, ihr Fahrzeug so wiederauferstehen zu lassen, wie es einst vom Band gerollt war. Es soll jedoch keine Aufforderung sein, die Wagen in Cellophan zu verpacken und auf einem Anhänger von Ausstellung zu Ausstellung zu transportieren. Meiner Meinung nach waren diese Sportwagen zum Fahren gedacht, und darin liegt sicher auch ein ganz wesentlicher Reiz für den heutigen Besitzer. Zweifellos ist der Reiz jedoch um so größer, je originalgetreuer der Wagen ist, in dem man sich fortbewegt.

Der XK – gestern und heute

Als der XK 120 im Jahre 1948 auf der Earls Court Motor Show sein Debüt gab, stand die Automobilwelt kopf. Publikum, Kritiker und Presse zeigten sich gleichermaßen begeistert, und das nicht von ungefähr.

Der neue Jaguar-Sportwagen glänzte mit Fahrleistungen, die man bislang nur von Rennwagen kannte und verwöhnte seine Passagiere mit Limousinen-typischem Fahrkomfort. Er wurde zu einem sensationell günstigen Preis angeboten und war zu allem Überfluß mit einer Karosserie von atemberaubender, zeitloser Schönheit gesegnet.

Ursprünglich sollte der Sportwagen lediglich als Versuchsträger für das neue Jaguar-Doppelnockenwellentriebwerk dienen, das während seiner Entwicklung mit dem Buchstabenkürzel „XK" versehen wurde. Der Motor war für eine neue Generation von Jaguar-Limousinen vorgesehen, die für die Firma von weitaus größerer kommerzieller Bedeutung war. Der Sportwagen sollte dem Triebwerk einen angemessenen Auftritt verschaffen und gleichzeitig das sportliche Image der Marke festigen.

Bislang waren die Experten davon überzeugt gewesen, daß Motoren mit zwei obenliegenden Nockenwellen für eine Serienproduktion in größerem Maßstab viel zu kompliziert aufgebaut und in der Wartung zu empfindlich seien. In der Tat war das nicht unbedingt neue Konzept in der Vergangenheit ausschließlich reinen Rennwagen oder handgefertigten Hochleistungs-Sportwagen der Oberklasse vorbehalten gewesen. Mit technischem Feingefühl und einer gehörigen Portion Mut zum Risiko bewältigten die Jaguar-Ingenieure ihre Aufgabe und schufen ein Triebwerk, das allen Unkenrufen zum Trotz vollkommen alltagstauglich war.

In seiner ersten Ausführung leistete der Motor 160 PS – genug, um dem XK 120 zu einer Höchstgeschwindigkeit zu verhelfen, die dem Namenskürzel „120" (mph) gerecht wurde. Damit war der XK 120 das schnellste Serienautomobil der Welt, worüber seine anderen Qualitäten jedoch leider oft vergessen wurden. Der Wagen war Dr. Jekyll und Mr. Hide zugleich, das heißt, man konnte ihn sowohl bei Rennen einsetzen, als auch gemütlich durch die New Yorker Innenstadt zuckeln.

Fahrwerk und Rahmen des XK 120 waren von einer ungleich schwereren Limousine „ausgeliehen" und zurechtgestutzt worden, weshalb der neue Wagen eine für Sportwagen absolut ungewohnte Verdrehsteifigkeit besaß. In der Praxis wirkte sich diese Tatsache natürlich auf den Fahrkomfort aus und dank seiner exzellenten Einzelradaufhängung vorne glänzte der XK 120 mit einer verblüffend sicheren Straßenlage.

Mit einem Preis von 1263 £ (inklusive Umsatzsteuer) bot der aufregende XK 120 ein erstaunliches Preis/Leistungsverhältnis und eröffnete der weniger begüterten Automobilklientel neue Welten. Man mußte nicht unbedingt Millionär sein, um sich einen solchen Wagen kaufen zu können, obwohl man sich am Steuer eines XK 120 durchaus so fühlen durfte.

Autos zu bauen, die viel teurer aussahen als sie waren, gehörte ohnehin zu William Lyons' (er wurde erst 1956 in den Adelsstand erhoben) Spezialitäten. Bereits seine Vorkriegs-Kreationen hatten wie Bentleys ausgesehen – ohne deren Leistungsvermögen und ohne blaues Blut zwar, doch dafür auch schon zu einem Bruchteil ihres Preises zu haben. Lyons verstand sich wie kein zweiter auf stilvolle Verpackungen, und er hatte ein traumhaftes Gespür für Formen. Der XK 120 gilt vielen als bestes Beispiel für dieses einzigartige Talent.

War Lyons bislang immer stark von zeitgenössischen Formen beeinflußt gewesen, so betrat er mit dem neuen Sportwagen stilistisches Neuland. Sicher, wenn man länger hinsieht, kann man Stilelemente von Bugatti oder Ähnlichkeiten mit dem Mille-Miglia-BMW 328 erkennen, doch die Form des XK 120 bleibt schlicht und einfach atemberaubend!

Die Zeit konnte ihr offenbar nichts anhaben, und heute gilt der XK zu Recht als Meilenstein in der Automobilgeschichte. Vor allem die frühen XK sammelten auf nationaler und internationaler Ebene sportlichen Lorbeer bei Rennen, Rallyes und Rekordfahrten – eine Auszeichnung, die ihren heutigen Status zusätzlich unterstreicht.

Der Stammvater der Baureihe, der XK 120, wurde anfangs nur als zweisitziger Roadster angeboten und war erst später auch als Coupé und Cabriolet erhältlich. Seinen Nachfolger XK 140 gab es schon zu seiner Vorstellung 1954 in allen drei Karoserievarianten. Er wurde 1957 vom prinzipiell unveränderten XK 150 abgelöst.

Die XK-Modelle verkörpern heute zwar ein nostalgisch angehauchtes Stilempfinden vergessener Tage, sind jedoch mit einigen wenigen Abstrichen auch nach heutigen Maßstäben voll alltagstauglich. Die Fahrleistungen können sich durchaus sehen lassen: Mit fast 200 km/h Höchstgeschwindigkeit und den entsprechenden Beschleunigungszeiten kann man allemal mehr als nur im Verkehr mitschwimmen. In Punkto Straßenlage sind die Klassiker allerdings nicht mehr ganz auf der Höhe, doch diese kleine Schwäche verzeiht man dem XK gern, zumal ein von kundiger Hand gelenkter XK auf kurvenreichen Sträßchen auch heute noch manchem „sportlichen" Fahrer eines modernen Autos den Auspuff zeigen kann!

Die XK-Baureihe fällt zeitlich genau zwischen die zwei großen Epochen des Automobilbaus. Sie kam nach der vor dem Zweiten Weltkrieg üblichen Bauweise mit separatem Rahmen und relativ einfachem Karosserieaufbau, läßt sich aber auch deutlich vor der heute üblichen selbsttragenden Karosseriebauweise einordnen. Wie bei allen entwicklungsgeschichtlichen Zwischengliedern finden sich auch beim XK Merkmale beider Epochen. Der getrennte Chassisrahmen trug zur relativ großen Überlebensquote bei und erweist sich heute bei der Restauration als sehr vorteilhaft. Obwohl noch nicht selbst- oder mittragend ausgelegt weist die Karosserie bereits viele komplexe oder großflächige Einzelteile auf, die in Punkto Korrosion und Reparatur nicht ganz probemlos sind. Der Motor hat seine Alltagstauglichkeit nach 38 Jahren Serienproduktion wohl zur Genüge unter Beweis gestellt.

Ersatzteile sind heute zum Glück leicht zu bekommen, auch eine ganze Reihe von Karosserieblechen, Zierteile und einige mechanische Bauteile werden in Kleinserien nachgebaut. Eine umfangreiche Restauration ist mittlerweile also leichter durchzuführen als noch vor einigen Jahren – die Nachfrage diktiert schließlich das Angebot!

XK-Modelle erfreuen sich heute in der Tat großer Beliebtheit, doch das war nicht immer so. Zwar hatte in den fünfziger Jahren das Interesse an den jeweiligen Vorgängermodellen immer dann nachgelassen, wenn eine Neuauflage des XK-Themas in die Schaufenster drängte, doch erst der 1961 vorgestellte E-Type warf die XK-Modelle aus dem Rennen. Mitte der sechziger Jahre war die Talsohle erreicht.

Der E-Type war wie seinerzeit der XK 120 ein Wendepunkt in der Sportwagengeschichte und ließ die XK-Baureihe neben sich mit einem Mal ziemlich alt aussehen. Image und Wiederverkaufswert der XK-Baureihe fielen buchstäblich in den Keller und im Zeitalter der Studentenunruhen mußte man XK anbieten wie Sauerbier. Nostalgie war noch ein Fremdwort, und außerdem waren die XK-Typen ohnehin nichts weiter als überholte Modelle. Je älter sie waren, umso überholter schienen sie: Die XK 120 traf es am härtesten, und manche wechselten für 50 £ den Besitzer!

In den frühen siebziger Jahren kam das Sammeln alter Autos zunehmend in Mode und die Preise für gebrauchte XK begannen zu steigen. Der moderne Automobilbau hatte sich den Gesetzen der Straßenverkehrsordnung und der Massenproduktion unterworfen und seinen Charakter eingebüßt. Auf der Suche nach etwas Unverwechselbarem zur Unterstreichung der eigenen Persönlichkeit stießen viele auf die Ausstrahlungskraft alter Autos, und der einsetzende Oldtimerboom begann, die verlorengegangene Ästhetik der Jaguar-XK-Modelle auch finanziell zu rehabilitieren.

Paradoxerweise waren die ältesten Versionen plötzlich die begehrtesten. Als erster seiner Art verkörperte der XK 120 für viele die reinste Lehre und war, bedingt durch sein Alter, gleichzeitig der seltenste und allein schon deshalb sammelnswerteste der Baureihe. Die XK 140 und XK 150 konnten da nicht ganz mithalten und wurden lange Zeit eher stiefmütterlich behandelt. Von allen Modellen waren die offenen Versionen – vor allem die Roadster – die gesuchtesten. Der XK 120 Open Two Seater Super Sports, so seine offizielle Bezeichnung, war das Original, und das mußte man haben. Nach dem kometenhaften Anstieg der XK-120-Preise (oft um das Zehnfache) in den siebziger Jahren beruhigte sich der Markt anfang der Achtziger und die Preise kletterten nur noch zaghaft weiter. Während dieser Beruhigung zogen die beiden anderen Modelle nach und werden heute gerechterweise nicht mehr unbedingt unter Wert verkauft.

Wenn ich sage, daß jedes XK-Modell anders ist, dann klingt das nach einer Banalität, doch es steckt auch eine tiefere Bedeutung dahinter. Wertschätzung hat etwas mit Werten zu tun, und die müssen nicht immer realistisch oder logisch begründet sein. Mancher geht nur nach dem Äußeren, andere achten auf Produktionszahlen, Platzangebot, Bremsen oder lassen sich von Schlüsselerlebnissen in ihrer Kindheit leiten. Wer nicht genug gespart hat kann sich eventuell sogar über ein weniger gefragtes Modell ein Sprungbrett zu seinem Traumwagen schaffen.

Die XK-Baureihe läßt sich in drei Preiskategorien einteilen. Die oberste umfaßt alle XK 120, die XK 140 Roadster und Cabriolets und die XK 150 Roadster. In die mittlere Kategorie fallen die XK 150 Cabriolets, obwohl sie angeblich noch dünner gesät sind als die XK 150 Roadster. Das Schlußlicht bilden immer noch die Coupé-Versionen von XK 140 und XK 150. Wer wie manche Kenner ebenfalls das XK 140 Coupé als klassischsten XK überhaupt ansieht, der darf sich freuen, doch beweist mir diese Tatsache nur, daß die Meinungen nach wie vor ziemlich weit auseinandergehen. Natürlich kann man einen XK als vorzügliche Kapitalanlage betrachten, doch verfolgen die meisten XK-Käufer wahrscheinlich andere Interessen – wenngleich sie dabei die beruhigende Sicherheit haben, daß sie ihr sauer verdientes Geld mit einem XK kaum in den Sand setzen können.

Bei dem gegenwärtigen Cabrioboom der Automobilindustrie darf man auf die Entwicklung der Preise für offene Klassiker gespannt sein. Werden sie fallen, weil sich viele für die moderneren, praktischeren Alternativen entscheiden, oder werden sie wieder einmal steigen, weil immer mehr Menschen über moderne Cabriolets den Einstieg in die Reize stilechten Frischluftvergnügens finden?

Man muß kein Hellseher sein, um vorauszusehen, daß vor allem die älteren und selteneren XK-Modelle auch in Zukunft preislich noch deutlich zulegen werden. Ich kann mir vorstellen, daß der XK 120 Roadster immer ein Maßstab bleiben und deshalb im Preis auch noch steigen wird. Dabei haben die ersten Aluminium-Ausführungen einen gewissen Bonus, obwohl die Ganzstahl-Versionen insgesamt besser zu fahren sind. Mit der Zeit werden die Leute auch bemerken, daß originale, rechtsgelenkte XK 120 Coupés und XK 140 Roadster äußerst seltene Vögel sind. Dasselbe gilt auch für rechtsgelenkte XK 150 S, vor allem in der Roadster-Version. Auf der anderen Seite sind aber gerade die Cabriolets nach heutigen Maßstäben vielseitig verwendbar.

Ein Blick in die Exportstatistik zeigt, daß nur verblüffend wenige XK-Modelle in ihrem Heimatland geblieben sind. Der XK 120 avancierte in den USA rasch zum automobilen Kultgegenstand, weshalb wohl auch die meisten Exemplare über den Atlantik verkauft wurden. Filmstars und andere Persönlichkeiten ließen sich gerne mit ihrem XK 120 ablichten, und einige wurden mit großem Erfolg im Rennsport eingesetzt. Viele später weltberühmte Rennfahrer haben sich ihre ersten Sporen in einem XK verdient – auch Phil Hill, der erste amerikanische Automobilweltmeister, um nur einen zu nennen.

In den späten achtziger Jahren haben viele XK ihren Weg über den großen Teich zurück in ihre Heimat oder auf das europäische Festland gefunden. XK-Modelle findet man überall auf der Welt, zum Teil an Orten, wo man es nie vermutet hätte. Trotz der zeitweise verlockenden Wechselkurse befindet sich ein großer Teil der XK-Produktion jedoch noch immer in den Vereinigten Staaten. Die Begeisterung für die ersten Nachkriegssportwagen mit der springenden Raubkatze im Emblem ist mittlerweile ein weltweites Phänomen, wie die ständig wachsende Zahl von Jaguar-Clubs rund um den Globus beweist. Und vielen XK-Besitzern liegt die Originalität ihres Fahrzeuges am Herzen.

XK 120

Die zeitlos elegante, saubere Linienführung des XK 120 Open Two Seater Super Sports wurde nicht durch überflüssigen Zierrat beeinträchtigt. Dieser Wagen gehört Vic Gill.

KAROSSERIE

Im Prinzip bestand die Karosserie des XK 120 OTS („Open Two Seater", offener Zweisitzer) Super Sports, auch „Roadster" genannt, aus einer Front- und einer Heckpartie, die durch innenliegende Türschweller verbunden waren. Die aus einem Stück gefertigte, bogenförmige A-Säulenpartie trug die Türscharniere und war an ihrer Rückseite durch die Motorspritzwand geschlossen. Zwei angesetzte Innenkotflügel erstreckten sich weit nach vorne und bildeten den Motorraum. An diesen Hohlkörper wurden die ausladenden Kotflügel angeschweißt, die einen Großteil der Frontpartie bildeten. Diese durch die verschiedenen Biegeradien schwierig herzustellenden Formteile waren durch einen schmalen, eingeschweißten Blechstreifen unter dem Kühlergrill miteinander verbunden, wobei die Schweißnähte wie die Übergänge zwischen Kotflügel und Rumpf durch Verzinnen kaschiert wurden.

Die stählernen Vorderkotflügel waren geschickt aus zwei Hälften zusammengesetzt, deren Stoßkante sich in Höhe des Radausschnitts befand. Die Scheinwerfertöpfe waren ebenfalls separate Formteile, die nahtlos in die vorderen Rundungen eingesetzt wurden. Bei späteren Exemplaren wurden auch die Standleuchten auf diese Weise eingefügt. Die hinten angeschlagene Motorhaube war aus Aluminium gefertigt und verfügte über drei Querversteifungen, vorne, in der Mitte und hinten. Ab November 1951 wurden die Vorderkotflügel mit simplen Lüftungsklappen versehen, die sich von innen öffnen ließen und kühlenden Fahrtwind in den Fußraum leiteten.

Die Heckpartie bestand aus einem abgewinkelten Blech hinter den Sitzen, das mit den beiden Innenkotflügeln und dem Boden des Reserveradabteils verschweißt wurde. Über diesem Abteil waren die beiden Kotflügel durch Streben miteinander verbunden, auf denen der hölzerne Kofferraumboden ruhte. An die Außenkante der Innenkotflügel waren lange Blechstreifen angeschweißt, die bis zur Heckschürze reichten und zwischen Innenraumausschnitt und Kofferraumdeckel durch ein sanft geschwungenes Deckblech verbunden wurden.

Der Kofferraumdeckel bestand ebenfalls aus Aluminium und hatte einen durch hölzerne Querstreben in Form gehaltenen Stahlrahmen. Die hinteren Kotflügel wurden an ihrer Oberkante mit den Innenkotflügeln verschraubt, zwischen den beiden Flächen lag ein profilierter Keder. An der Vorderkante der hinteren Kotflügel waren stabile Türpfosten eingelassen, die radseitig durch Stehbleche und nach vorne durch die Türschließbleche eingeschlossen wurden. Die hinteren Radausschnitte deckten bei Wagen mit Stahlscheibenrädern abnehmbare Blenden, sogenannte „Spats", ab. Bei den Versionen mit Speichenrädern waren die Radlaufsicken, an denen sonst die Spats befestigt wurden, mit Profilkedern aus Messing verkleidet.

Bis zum 14. April 1953 verwendete man Kotflügelkeder aus mit in Wagenfarbe lackiertem Kunstleder umwickelten

Schnüren. Der 100 mm breite Kunstlederstreifen wurde so um die Schnurseele gelegt, daß er eine breite Lippe bildete, die zwischen die zu verbindenden Flächen geschoben werden konnte. Nach diesem Datum wurden durchgefärbte PVC-Wulstprofilkeder eingesetzt. Anhand des Keders kann man also leicht nachprüfen, ob ein angeblich vor diesem Zeitpunkt entstandener XK wirklich so original ist, wie sein Besitzer beteuert.

Front- und Heckpartie, die als komplette Einheiten abgenommen werden können, waren durch zwei innenliegende Türschweller miteinander verschweißt. Diese Schweller ruhten auf je zwei rechtwinklig an den Rahmenlängsträgern angebrachten Auslegern. Der Innenraumboden bestand aus 9 mm starkem Sperrholz und wurde mit diesen Schwellern, sowie dem zwischen vorderem und hinterem Innenraumschottblech eingeschweißten Kardan- und Getriebetunnel verschraubt.

Die aus Aluminium gefertigten Türen hingen an zwei dünnen Scharnieren, Fangriemen oder Feststeller gab es keine. Hinter den Sitzen waren unter einem herausnehmbaren Zwischenboden zwei kleine Sechs-Volt-Batterien versteckt.

Die frühen, vollständig in Aluminium karossierten XK-Modelle unterschieden sich trotz ihrer identischen äußeren Erscheinung unter dem Blech gravierend von den vorstehend beschriebenen Ganzstahl-XK. Nach guter alter Stellmachertradition wurde viel Eschenholz verarbeitet, vor allem im Bereich der Heckpartie.

Die auffälligste Veränderung der Karosseriestruktur betraf beim XK 120 FHC („Fixed Head Coupé“, Festdach-Coupé) natürlich die Dachpartie. Im Gegensatz zum Roadster war der Windschutzscheibenrahmen aus Stahlblech gefertigt und das zentrale Deckblech zwischen Kofferraum und Innenraumausschnitt reichte nur bis zum Dachansatz. Bedingt durch die höheren Türen mußte außerdem über der hinteren Kotflügel-Vorderkante ein zusätzliches Blechstück eingesetzt werden.

vorherige Seite
Modelle mit Speichenrädern konnten nicht mit sogenannten „Spats“ versehen werden, da die Zentralmuttern zu weit vorstanden. Die Radlaufkanten wurden in diesen Fällen mit einem Messingkeder mit halbrundem Profil abgedeckt.

links
Bei den Türscharnieren hatte man leider keine Schmiervorrichtung vorgesehen, sodaß sie relativ schnell verschleißen. Roadster haben Dank ihrer leichteren Türen weniger häufig Probleme. Viele Besitzer versehen nach erfolgter Reparatur die Scharniere mit Schmiernippeln – nicht gerade original, dafür unsichtbar und sehr wirkungsvoll.

oben
Einer der reizvollsten Aspekte der frühen XK-Karosserien war sicher der atemberaubende „Hüftschwung“ der Kotflügellinie, wie diese Aufnahme von Alan Minchins XK 140 Roadster (mehr davon im folgenden Kapitel) unterstreicht. Der schwarze Kotflügelkeder ist nach Meinung des Besitzers nicht original – eine Auffassung, der sich unsere Experten übrigens fast alle anschlossen.

Mit einer produzierten Stückzahl von weniger als 200 Exemplaren zählt das XK 120 Coupé in Rechtslenkerausführung zu den seltensten XK-Modellen. Die traditionsreiche Pferderennbahn von Epsom bietet einen reizvollen Hintergrund für Michael und Peter Sargents Schmuckstück.

nachstehende Seite, oben
Dem Stil der Zeit folgend war das Heckfenster des XK 120 Coupés nicht gerade üppig bemessen, doch hätte eine größere Glasfläche mit Sicherheit die ausgewogene Linie ruiniert.

nachstehende Seite, unten
Es fällt in der Tat schwer zu glauben, daß das Dach erst nachträglich aufgesetzt wurde, so überzeugend ist der Gesamteindruck des Coupés. Durch den verbesserten Wetterschutz war der Wagen ideal für Reisen oder Geschäftsfahrten.

Die bei manchen Exemplaren aus Stahlblech gefertigten Türen hatten konventionelle, chromgefaßte Kurbelfenster und ausstellbare Dreiecksfenster. Die Stirnseiten der Türen und die dazugehörigen Bleche im Bereich der A-Säule standen rechtwinklig zur Fahrzeuglängsachse, während beim Roadster die inneren Kanten der A-Säulen ein gutes Stück hinter dem Windschutzscheibenrahmen verliefen.

Die Cabrioletversion XK 120 DHC („Drop Head Coupé") baute im Prinzip auf dem Roadster auf, wies jedoch dieselben Besonderheiten wie das Coupé auf (mit Ausnahme des Verdecks selbstverständlich). Demnach verfügte das Cabriolet über einen integrierten Windschutzscheibenrahmen, der an seiner Oberkante eine Schließleiste zur Befestigung des Klappverdecks besaß. Außerdem verfügte die Karosserie über das schmale Deckblech oberhalb des Kofferraumdeckels, die Blecheinsätze über den hinteren Kotflügeln, sowie die hohen Türen mit Kurbelfenstern und rechtwinkliger Stirnseite.

Obwohl die Anfertigung verschiedener Blechteile von Jaguar außer Haus gegeben worden war, liefen alle Nachbestellungen über die Firma. Leider gibt es heute bei Jaguar überhaupt keine XK-Blechteile mehr, und die alten Werkzeugformen sind natürlich längst verschrottet. Dies ist jedoch noch lange kein Grund zu verzweifeln, denn mittlerweile gibt es mehrere Spezialisten, die fast alle kleineren Bleche, Kotflügel, Front- und komplette Heckpartien und sogar ganze Karosserien nachfertigen.

Was die Austauschbarkeit der Bleche unter den einzelnen Modellen angeht, so paßt für den XK 120 kein einziges XK-150-Blechteil und nur wenige vom XK 140. Die hinteren Kotflügel des XK 150 erscheinen auf den ersten Blick zwar identisch mit denen des XK 120 zu sein, haben aber an der hinteren Kante einen Ausschnitt für die Stoßstangenaufnahme. Die Vorderkotflügel von XK 120 und XK 140 unterscheiden sich ebenfalls an ihrer hinteren Kante, was jedoch im allgemeinen keine großen Anpassungsprobleme bereitet (mit Ausnahme des XK 140 Coupés, das kürzere Kotflügel hat). Der Kofferraumdeckel des XK 120 paßt dagegen an kein anderes Modell. Die Türen der Coupéversionen von XK 120 und XK 140 sind im Prinzip identisch, wobei die XK-120-Tür jedoch wegen der höheren Schweller eine kleinere Türinnenfläche hat.

Unter den einzelnen Versionen des XK 120 können hintere Kotflügel, Hauben, vordere und hintere Spritzwände, Fußraumbelüftungseinsätze, Frontschürzen, Spats (theoretisch!), hintere Kennzeichenträger, Tankstutzeneinsatz, Kofferraumböden und Reserveradwannen augetauscht werden. Die Kofferraumdeckel sind prinzipiell ebenfalls austauschbar, doch ist der Holzrahmen bisweilen verzogen, wodurch sich die Kontur des Deckels verändert.

Der XK 120 war in verschiedenen Standardlackierungen erhältlich (siehe Tabelle Seite 41), jedoch konnten gegen Aufpreis fast alle Sonderwünsche berücksichtigt werden. Da dies auch für die Innenausstattung galt, dürften einige Ausnahmen gemacht worden sein.

Die befragten Spezialisten sind sich darüber einig, daß Motorraum und Wagenunterseite im allgemeinen anfangs schwarz, später in Wagenfarbe lackiert wurden.

vorherige Seite
Das im April 1953 vorgestellte XK 120 Cabriolet vereinigte die Vorzüge von Roadster und Coupé, wenn auch vielleicht etwas von der urspünglichen Linie verlorenging. Das abgebildete Exemplar gehört dem holländischen Jaguar-Restaurator Pieter Zwakman.

oben
Mit dem perfekten Verdeck war das Cabriolet sicher die praktischere der beiden offenen Versionen, richtete sich jedoch an eine andere Zielgruppe als der Roadster.

links
In nur knapp 18 Monaten Produktionszeit entstanden im Vergleich zum Roadster natürlich relativ wenige XK 120 Cabriolets, wenngleich die Verkaufszahlen in diesem Zeitraum nichts zu wünschen übrig ließen.

ZIERTEILE

Das fast vollständige Fehlen jeglichen Chromzierrats macht mi Sicherheit einen großen Teil des ungeheuren Charmes de XK 120 aus.

Den Bug des Wagens zierten zwei filigrane, verchromt Stoßstangenhälften, die ihrer eigentlichen Funktion jedoc kaum jemals gerecht wurden. Es scheint sie in zwei verschiede nen Blechprofilen gegeben zu haben, wahrscheinlicher is jedoch, daß die mittlere Rippe im Laufe der Zeit durch Abnut zung des Preßwerkzeugs verschwunden ist. Die Stoßstangen aufnahmen wurden normalerweise in Wagenfarbe lackiert, doc sind auch schwarze Exemplare bekannt. Über dem Kühlergri befand sich ein rundes, messingfarbenes Emblem mit elfenbein farbigem Einsatz, in dessen Mitte der Kopf eines Jagua prangte. In den fast ovalen Kühlergrill waren zwölf senkrecht Streben eingelötet, die bei den ersten Exemplaren noch profi liert waren. An der Oberkante der Scheinwerfertöpfe befande sich zwei kurze Chromleisten.

Bei den Roadster-Versionen war die Windschutzscheib mit ihrem verchromten Rahmen abnehmbar und konnte be Bedarf durch eine oder zwei kleine „Rennscheiben" („Aer Screens") ersetzt werden. Für den Rückspiegel gab es ein kleine, strömungsgünstige Verkleidung. Diese Zubehörteil wurden anfangs jedem ausgelieferten Fahrzeug in der „Specia Equipment"-Version beigefügt, später jedoch nur noch gege Aufpreis verkauft. Bei den Aluminium-XK verbaute ma sowohl gerade als auch geschwungene Windschutzscheibenpfo sten, die jedoch in keinem Fall gegen die der Ganzstahlversio nen ausgetauscht werden konnten.

Hinten war keine Stoßstange vorgesehen, lediglich zwe verchromte Hörner zu beiden Seiten des Kofferraumdeckels Diese werden heute jedoch oft verkehrtherum montiert – dabe gehört das geschwungene, schmalere Ende nach unten! Da Kennzeichen wurde auf einem separaten Trägerblech montiert das mit einer Zwischenlage aus Kotflügelkeder am Kofferraum deckel angeschraubt wurde. Der Kofferraumdeckel ließ sic über einen T-förmigen, verchromten Griff unter dem Kenn zeichenträger öffnen. Der Tankeinfüllstutzen befand sich unte einer kleinen, abschließbaren Klappe auf dem Deckblech übe dem linken Kotflügel, die bei der Cabrioletversion etwas weite nach hinten gerückt war. Um den Vorschriften des britische Gesetzgebers zu genügen, wurden später in den unteren Ecke des Kofferraumdeckels kleine Katzenaugen-Reflektoren mon tiert.

vorherige Seite, oben links
Das messingfarbene Haubenemblem mit dem Jaguarkopf war eines der ersten nachgefertigten Zierteile für die XK-Modelle.

vorherige Seite, oben rechts
Der einfache Tankverschluß wurde mit dem Zündschlüssel entriegelt. Der abgebildete Entlüfterstutzen ist jedoch nicht original. Im Einfüllrohr war eine Entlüftungsleitung eingelassen und in der unteren Ecke des Klappenausschnitts befand sich ein Ablauf.

vorherige Seite, unten
Die dünnen Kühlergrillstäbe waren aus Messing gefertigt, wobei die Stabstirnseiten der ersten Exemplare noch eine profilierte Kante aufwiesen. Später wurden die Stäbe aus einfachen U-Profilen gebogen.

oben
Die Windschutzscheibe des Roadsters bestand aus zwei flachen, von dünnen Blechrahmen eingefaßten Glasscheiben, die an den gegossenen Mittel- und Seitenpfosten befestigt wurden.

links
Den einzigen Auffahrschutz am Heck boten zwei Stoßstangenhörner, die man heute leider oft verkehrtherum montiert sieht. Bei diesem Exemplar sind sie zwar korrekt angebracht, doch die Rückstrahler, die ab August 1954 für britische Fahrzeuge zur Pflicht wurden, waren werksseitig am Kofferraumdeckel montiert.

Coupé und Cabriolet verfügten über verchromte Türaußengriffe, die jedoch nicht untereinander austauschbar waren. Alle anderen Zierteile paßten an alle XK-120-Versionen, jedoch nicht an die späteren Modelle, mit Ausnahme der Chromleisten über den Scheinwerfertöpfen, den Türgriffen des Cabriolets und der Windschutzscheibe des Roadsters (identisch mit der des XK 140 OTS). Die genannten Zierteile werden jedoch heute nachgefertigt, ebenso die Tür- und Kofferraumdeckeldichtungen.

Natürlich wiesen die Karosserien von Coupé und Cabriolet im Bereich der Dach- und Fensterpartien zusätzliche oder von denen des Roadsters abweichende Zierleisten auf, wie zum Beispiel Türfensterrahmen oder Windschutz- und Heckscheibeneinfassungen. Keines der genannten Teile ist zur Zeit als Reproduktion oder Neuteil erhältlich, lediglich Scheibengummis werden nachgefertigt.

BELEUCHTUNG

Man könnte annehmen, daß alle XK 120 mit den gleichen Scheinwerfern ausgerüstet wurden, doch dem ist beileibe nicht so. Die meisten Exemplare hatten Scheinwerfer mit glatten, ebenen Streuscheiben und markanten, von drei Streben gehaltenen Reflektorkalotten („Tripod"), doch für die verschiedenen Exportmärkte (siehe Tabelle) wurden auch verschiedene Reflektoren montiert. Fahrzeuge für den US-Markt erhielten beispielsweise leuchtstärkere Scheinwerfer ohne Tripod-Reflektorkalotten.

Bis Oktober 1952 waren die vorderen Standleuchten der Roadsterversion in verchromten, stromlinienförmigen Gehäusen untergebracht, die in einer Gummieinfassung auf den Kotflügeloberkanten saßen. Nach diesem Datum wurden die im Durchmesser vergrößerten Standleuchten in die Kotflügel eingearbeitet und fahrzeugfarben lackiert. Die Gläser der kleineren Standleuchten sind übrigens identisch mit denen des Jaguar Mk II, die größeren wurden später auch für die Modelle XK 140 und XK 150 verwendet. Ab demselben Datum fungierten die Standleuchten bei den Exportversionen des XK 120 auch als Blinker und erhielten deshalb Zweifaden-Glühlampen – bei XK 140 und XK 150 wurden jedoch wieder Einfaden-Glühlampen mit den entsprechenden Fassungen verwendet.

Die kombinierten Brems-/Schlußleuchten waren in verchromten Gußgehäusen untergebracht, obgleich sie bei einigen zwischen 1951 und 1952 entstandenen Exemplaren in Wagenfarbe mitlackiert wurden. Im ebenfalls verchromten Gehäuse der Kennzeichenbeleuchtung war auch ein Rückfahrscheinwerfer integriert (Lucas 53159/A – 469), das Halteblech der Leuchte wurde normalerweise in Wagenfarbe lackiert.

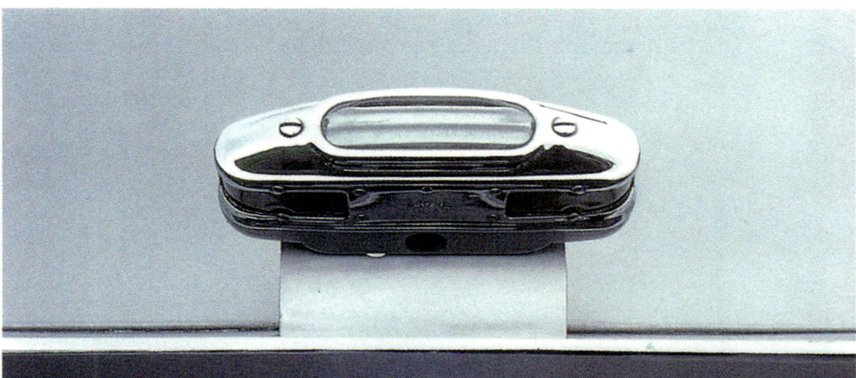

vorherige Seite, unten

Die Beschaffung verchromter Windschutzscheiben-Einfassungen für das Coupé ist momentan problematisch, was man beim Kauf eines solchen Fahrzeuges beachten sollte.

links

Bis Oktober 1952 hatte der Roadster separate Standleuchtengehäuse, die auf einer Gummiunterlage mit umlaufender Sicke montiert wurden. Das Leuchtenglas ist bis auf die Beschriftung im Prinzip identisch mit dem der Mark-II-Limousine.

vorherige Seite, oben

Türgriffe, Regenrinnen und Fensterdichtungen sind heute als Reproduktionen wieder erhältlich, Chrom-Fensterrahmen für das Coupé leider nicht. Im allgemeinen lassen diese sich jedoch neu verchromen.

oben

Der Kennzeichenträger war über eine Gummidichtung mit dem Kofferraumdeckel verschraubt. Das Gehäuse der kombinierten Kennzeichenbeleuchtung/Rückfahrleuchte war komplett verchromt und mit dem fahrzeugfarbenen Halteblech verschraubt.

unten

Das gegossene Rückleuchtengehäuse wurde bis auf eine kurze Zeitspanne stets verchromt und über eine Gummizwischenlage mit umlaufender Sicke am Kotflügel angeschraubt.

Alle Leuchten lassen sich zumindest unter den verschiedenen XK-120-Versionen austauschen. Angeblich sind sogar alle noch als Neuteile erhältlich, obwohl dies meines Wissens nicht für sämtliche in der Tabelle aufgeführten Scheinwerfertypen zutrifft. Bei nachgefertigten Teilen ist Vorsicht geboten, da nicht alle den strengen Vorschriften der Zulassungsordnung genügen.

SCHEINWERFER

Lucas-Teile-Nr.	**Beschreibung**
RHD/LHD*	
immer PF.770	
50838/50839	Großbritannien
50778/A/50779/A	Großbritannien nach Fgst.Nr. 660058
50838	RHD, Export
50778/A	RHD, Export nach Fgst.Nr. 660058
056244	LHD, Export
50778/A	LHD, Export nach Fgst.Nr. 670184
50841/A	Kanada und USA
50781/B	Kanada und USA nach Fgst.Nr. 660058, 670184
50840/A PF.770EF	nur Frankreich
50780/A PF.770EF	nur Frankreich nach Fgst.Nr. 660058, 670184

*LHD = „Left Hand Drive“, Linkslenker
RHD = „Right Hand Drive“, Rechtslenker

CHASSIS

Das Chassis des XK 120 bestand im wesentlichen aus zwei langen, zum Heck hin etwas weiter auseinander liegenden, geschlossenen Kastenprofilen, die in einem leichtem Knick und mit verringertem Querschnitt über die Hinterachse geführt wurden. Diese Längsträger waren vor dem Motor durch eine Querspange verbunden, in der Mitte durch ein großzügig dimensioniertes Kastenprofil, sowie hinter dem Innenraum durch ein abgewinkeltes Blech und eine Rohrstrebe. Der Kraftstofftank hing zwischen den Rahmenauslegern hinter der Hinterachse.

Die Karosserie wurde an den folgenden 12 Punkten mit dem Chassis verschraubt: Motorspritzwand, Fußraumblech an Rahmen, zwei Gewindebolzen; Türschweller an Rahmenausleger, drei Schrauben mit Muttern und Befestigungsschellen pro Ausleger, zwei Ausleger pro Seite; Kofferraum, vorne an Rahmen, zwei Gewindebolzen; Kofferraum, hinten an Rahmen, zwei Schrauben mit Muttern; Reserveradmulde an Rahmen, zwei Schrauben mit Muttern. Alle Auflageflächen mit Filzzwischenlage. Die vorderen Innenkotflügel waren jeder an vier Punkten durch Schrauben und Muttern mit dem Rahmen verbunden.

Dieses Chassis war für alle XK-120-Versionen gleich, wurde jedoch für die späteren Modelle überarbeitet. Beim XK 120 Coupé wurden an den Auflagepunkten dickere Unterlegscheiben verwendet. Der Rahmen war original schwarz lakkiert, jedoch nicht hochglänzend. Neue Rahmen sind nicht mehr erhältlich, doch bereitet eine Reparatur im Normalfall keine Probleme.

VORDERRADAUFHÄNGUNG

Der Jaguar XK 120 verfügte vorne über eine Einzelradaufhängung an je zwei Dreiecksquerlenkern, an denen die Achsschenkel über Kugelgelenke mit Schmiernippeln schwenkbar gelagert waren. Die Querlenkeraufnahmen am Rahmen waren mit sogenannten „Metalastik“- Gummibüchsen mit einvulkanisierter Metallhülse versehen. Zwischen unterem Querlenker und einem senkrecht aufgeschweißten Rahmenausleger war auf jeder Seite ein Newton-Teleskopstoßdämpfer angelenkt.

Bis zu den folgenden Fahrgestellnummern wurden Stoßdämpfer mit der Teile-Nr. C.3035 eingebaut: OTS RHD 660001 bis 660679; OTS LHD 670001 bis 672048; FHC RHD 669001 bis 669002; FHC LHD 679001 bis 679621. Alle nach diesen Fahrgestellnummern produzierten Roadster und Coupés sowie alle Cabriolets wurden mit Stoßdämpfern mit der Teile-Nr. C.7183 ausgerüstet.

Als Federelemente dienten 1320 mm lange Torsionsstäbe, die am rahmenseitigen Drehpunkt der unteren Querlenker befestigt waren und sich in Höhe des mittleren Rahmenquerträgers am Rahmen abstützten, wo sich über Gewindebolzen und Kontermutter die Vorspannung der einzelnen Torsionsstäbe verstellen ließ. Außerdem war ein in Gummi gelagerter Querstabilisator eingebaut. Hier die wichtigsten Einstelldaten zur Vorderachsgeometrie: Nachlaufwinkel bei Fgst.Nr. 660001 – 660125 und 670001 – 670438 5°, danach 3°; Radsturz 1 3/4° bis 2° positiv; Spreizung 5°; Bodenfreiheit 181 mm.

Sämtliche Radaufhängungselemente waren bei allen Versionen identisch. Die heute erhältlichen Neuteile umfassen alle Lagerbüchsen, untere und obere Kugelgelenke und Anbauteile, Radlager und Stoßdämpfer (Koni und Spax). Die Radaufhängungsteile waren mattschwarz lackiert.

HINTERRADAUFHÄNGUNG

Die Hinterachse des XK 120 war an halbelliptischen, siebenlagigen Längsblattfedern aus einer Silizium-Manganlegierung aufgehängt, die an ihrem vorderen Ende unmittelbar vor dem Aufwärtsknick der Rahmenlängsträger gelagert waren. Die hinteren Enden saßen in schwenkbaren Laschen an den dünneren Ausfallenden der Längsträger. Die Achse wurde mit je zwei U-förmigen Bolzen direkt an den Blattfedern befestigt. Zwei Fanglaschen mit Gummipuffer zur Begrenzung des Negativfederweges waren um den Achskörper geschlungen und am Rahmen befestigt, die Federpakete selbst in Lederhüllen eingenäht. Die freie Bogenhöhe der Blattfeder (gemessen zwischen den Federaugen und der obersten Federlage) betrug 140 mm, und eine Last von 265 kp war nötig, um die Feder flach auszustrecken.

Die Dämpfung übernahmen zwei Hebelstoßdämpfer der Firma Girling (Teile-Nr. PV.7), die an den Innenseiten der Rahmenlängsträger befestigt und über Hebel mit dem Achskörper verbunden waren. Frühe Exemplare wurden mit Stoßdämpfern mit der Teile-Nr. C.3753 (links), bzw. C.3752 (rechts) ausgerüstet, ab den Fahrgestellnummern 660986, 669003, 672280, 679729, 667001 und 677001 kamen die Teile-Nr. C.7214 (links), bzw. C.7215 (rechts) zum Einsatz.

Federn, Lederhüllen und Lagerböcke sind heute als Neuteile erhältlich, die Hebelstoßdämpfer können von Fachbetrieben überholt werden.

HINTERACHSE

Der XK 120 war mit einer konventionellen Starrachse ausgerüstet, der Achsantrieb erfolgte über einen hypoidverzahnten Differentialsatz und Halbwellen mit Kerbverzahnung.

Ursprünglich kamen ausschließlich ENV-Hinterachsen zum Einbau, doch ab den Fahrgestellnummern 660935, 671797, 669003 und 679222 wurden auch Salisbury-Hinterachsen verwendet. Die ENV-Hinterachse war mit den folgenden Übersetzungsverhältnissen erhältlich: 3,64:1, 3,27:1, 3,92:1, 4,3:1 und 4,56:1, die Salisbury-2HA-Achse entsprechend mit den Übersetzungen 3,77:1, 4,09:1 und 4,27:1. Ab April 1953 wurden

Salisbury-4HA-Hinterachsen verwendet, die mit den Übersetzungen 2,93:1, 3,31:1, 3,54:1, 3,77:1, 4,09:1 und 4,27:1 erhältlich waren.

Mit Ausnahme der Bremsankerplatten, der Naben und des Handbremsmechanismus waren beide Achsfabrikate als Einheiten untereinander austauschbar, Einzelteile jedoch nicht. Lager und Dichtungen sind heute noch erhältlich, die Salisbury-Achsen können von der Firma GKN überholt werden. Das Hinterachsgehäuse war glänzend schwarz lackiert.

Stahlscheibenräder wurden wie die beiden abgesetzten Ringe der Radkappen immer fahrzeugfarben lackiert. Bei silbernen Exemplaren ist diese Besonderheit leider nicht so deutlich zu erkennen.

Mitte
Noch ein XK 120 Roadster, diesmal einer mit Speichenrädern und im Besitz von Stuart Holden.

unten
Viele Fahrzeuge wurden im Nachhinein auf Speichenräder umgerüstet, obwohl die meisten XK ursprünglich mit Scheibenrädern und den abgebildeten „Spats" ausgeliefert wurden.

BREMSEN

An Vorder- und Hinterrädern kamen hydraulisch betätigte Lockheed-Duplex-Trommelbremsen mit 305 mm (12 Zoll) Durchmesser zum Einsatz. Der Lockheed-Hauptbremszylinder war an der Außenseite eines Rahmenlängsträgers (links bei LHD-, rechts bei RHD-Versionen) befestigt. Die Feststellbremse wurde über einen langen Hebel betätigt, der neben dem Getriebetunnel aus dem Innenraumboden ragte. Im April 1952 wurden selbstnachstellende Bremsbacken vorn sowie ein Tandem-Hauptbremszylinder eingeführt.

Die vorderen Bremstrommeln von Wagen, die mit Speichenrädern ausgerüstet wurden, lassen sich nicht gegen solche von Scheibenrad-Exemplaren austauschen und umgekehrt. Die Beschaffung von Bremsbelägen, Bremsleitungen, Radbremszylindern, Hauptbremszylinder-Reparatursätzen und Bremstrommeln für Speichenräder bereitet heute im allgemeinen keine Schwierigkeiten.

LENKUNG

Gesteuert wurde der XK 120 über ein Burman-Kugelumlauf-Lenkgetriebe, an dem in einem Winkel von 10° zur Waagerechten eine gerade Lenksäule ohne Gelenk angeflanscht war. Über Lenkstockhebel, Spurstange und Lenkzwischenhebel war das Lenkgetriebe mit dem linken Achsschenkel verbunden. Diese Art der Lenkkraftübertragung findet man nur beim XK 120, das System kann jedoch auch bei den Folgemodellen eingebaut werden. Die Teile waren mattschwarz lackiert. Heute sind nur noch die Spurstangenköpfe als Neuteile erhältlich.

Normalerweise wurde ein schwarzes Bluemel-Lenkrad eingebaut, doch es scheint, als wären einige Fahrzeuge, besonders für den Export, auch mit weißen Lenkrädern ausgestattet worden. Das Lenkrad, das übrigens nicht identisch mit dem des Mk VII war, ließ sich in Lenksäulenrichtung verstellen.

RÄDER

Anfangs kamen 5 Zoll breite Stahlscheibenräder zum Einbau, die jedoch ab Mai 1952 um ein halbes Zoll verbreitert wurden. Der Felgendurchmesser war bei allen XK-Modellen mit 16 Zoll gleich.

Die Scheibenräder waren mit verchromten Radkappen versehen, in deren Mitte auf schwarzem Grund ein Jaguar-Schriftzug prangte. Die erhabenen Flächen der Radkappen waren poliert, die zurückgesetzten in Wagenfarbe lackiert. Die Spats in den hinteren Radausschnitten konnten mit Hilfe eines kleinen, T-förmigen Vierkantschlüssels, der in das von einer verchromten Klappe verdeckten Vierkantschloß eingeführt wurde, entriegelt und abgenommen werden. An ihrer Unterkante ruhten die Spats auf zwei kleinen Stiften, die vor und hinter dem Rad aus der Radlaufsicke ragten.

Die Räder waren immer in Wagenfarbe lackiert und gegen die Räder der anderen XK-Modelle austauschbar, sofern diese auch über eine Fünflochbefestigung verfügten. Zwar passen die Radkappen der Mk-II-Limousine, doch haben die Felgen des XK 120 eine geringere Einpreßtiefe. 15-Zoll-Scheibenräder anderer Jaguar-Modelle können nicht montiert werden, da deren Lochkreisdurchmesser kleiner ist, noch kann die XK-Hinterachse mit 15-Zoll-Radnaben versehen werden, da die Kerbteilungen der Halbwellen nicht übereinstimmen.

„Special Equipment"-Versionen hatten serienmäßig Speichenräder mit 54 Speichen, die gegen Aufpreis auch für die Standardausführung bestellt werden konnten. Diese Räder können unter allen XK-Modellen mit kerbverzahnten Radnaben ausgetauscht werden, sogar mit den 15-Zoll-Felgen der Mk-II-Limousine, was aber keinesfalls korrekt ist. Die Speichenräder gab es in Wagenfarbe lackiert, silberfarben und verchromt. Man lieferte auch teilverchromte Räder, bei denen die Felgen in Dunlop-Felgensilber lackiert waren. Alle Speichenräder wurden von verchromten, zweiflügeligen oder Sechskant-Zentralmuttern gesichert, die an alle XK-Modelle passen. Chromspeichenräder, Flügelmuttern und kerbverzahnte Radnaben sind heute wieder als Neuteile erhältlich.

REIFEN

Werksseitig wurde der XK 120 mit Dunlop-Roadspeed-Reifen der Dimension 6.00 x 16 ausgerüstet, obgleich auf Wunsch auch Dunlop-Rennreifen in den gleichen Maßen erhältlich waren.

In den letzten Jahren war diese Reifengröße extrem schwierig zu bekommen, doch mittlerweile gibt es wieder Dunlop RS5 und Avon Turbospeed dieser Dimension. Viele Besitzer bevorzugen heute Radialreifen, und Pirelli hat Reifen mit Cinturato-Profil im Angebot (jedoch nicht unbedingt im Sonderangebot!).

Zeitgenössische Abbildungen zeigen XK 120 (hauptsächlich in den USA) mit Weißwandreifen, doch wurden, wenn überhaupt, nur wenige Exemplare bereits ab Werk mit solchen Reifen ausgerüstet.

INNENAUSSTATTUNG

Der XK 120 hatte zwei einzelne Sitze mit herausnehmbaren Polstern und klappbaren Rückenteilen, die zurückgeklappt eine durchgehende Lehne bildeten. Die Sitzflächen waren mit Leder bezogen, die Rückseiten der Lehnen mit Teppichboden. Die Sitze waren zur Verstellung auf entweder grün-grau lackierten oder verchromten Verschieberahmen montiert. Auf den ersten Blick scheinen die Sitze der verschiedenen Versionen untereinander austauschbar, doch in Wirklichkeit unterscheiden sie sich im Bereich der Lehnen deutlich voneinander. Die Roadster-Sitze hatten in der Nähe der Lehnenaußenkante eine Aussparung für das dahinter verstaute Verdeckgestänge, die Coupé-Sitze verfügten über keinerlei Aussparung an dieser Stelle und das Cabriolet-Gestühl besaß sehr dünne Lehnen. Die Form der Lehnenoberkante scheint nicht einheitlich verfolgt worden zu sein, denn manche Fahrzeuge haben eine fast geradlinig verlaufende Oberkante wie bei einer durchgehenden Sitzbank, andere dagegen deutlich ausgeformte Mulden. Zwischen den Sitzflächen, auf dem Kardantunnel, befand sich ein gestepptes und gepolstertes Sitzkissen.

Die Sitze waren auf Wunsch in zweifarbiger Ausführung erhältlich, wobei die 11 durch senkrechte Steppnähte getrennten Polsterstreifen der Sitzflächen und Lehnen beim XK 120 Roadster im helleren, die Umrandung und die Biesen dagegen im

vorherige Seite
Selbst der vergleichsweise spartanisch ausgestattete Roadster setzte seinerzeit neue Maßstäbe bei der Innenausstattung von Sportwagen. Die Sitze waren zwar bequem, boten jedoch wenig Seitenhalt.

links
Das simple Roadster-Verdeck fand zusammengefaltet Platz hinter den Sitzlehnen, die mit länglichen Aussparungen für die Verdeckstangen versehen waren. Die Steckscheiben wurden in einem in die Innenraum-Rückwand eingelassenen Fach untergebracht.

unten links
Der verchromte „Fly-Off"-Handbremshebel stellt heute eine ausgezeichnete Diebstahlsicherung dar, denn wer nicht weiß, wie er entriegelt wird, zieht die Handbremse nur noch fester an! Schalthebelknauf-Reproduktionen gibt es übrigens wieder zu kaufen.

unten rechts
Der hölzerne Innenraumboden war wie der Getriebetunnel mit Teppich belegt. Der Abblendschalter (neben dem Kupplungspedal) war unter einer Gummikappe versteckt, die Motorhaubenentriegelung (oben links) hatte original einen verchromten Rändelknopf.

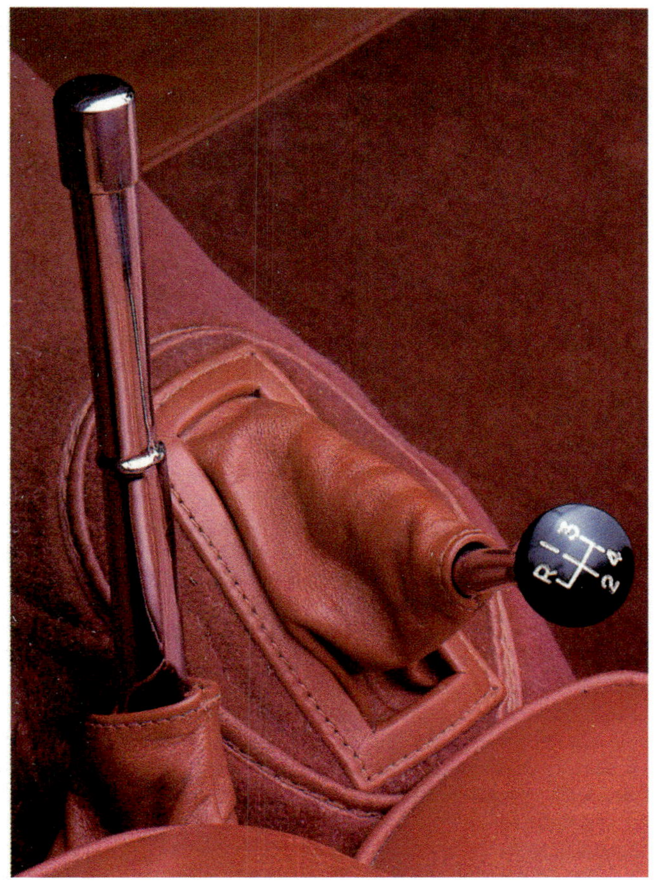

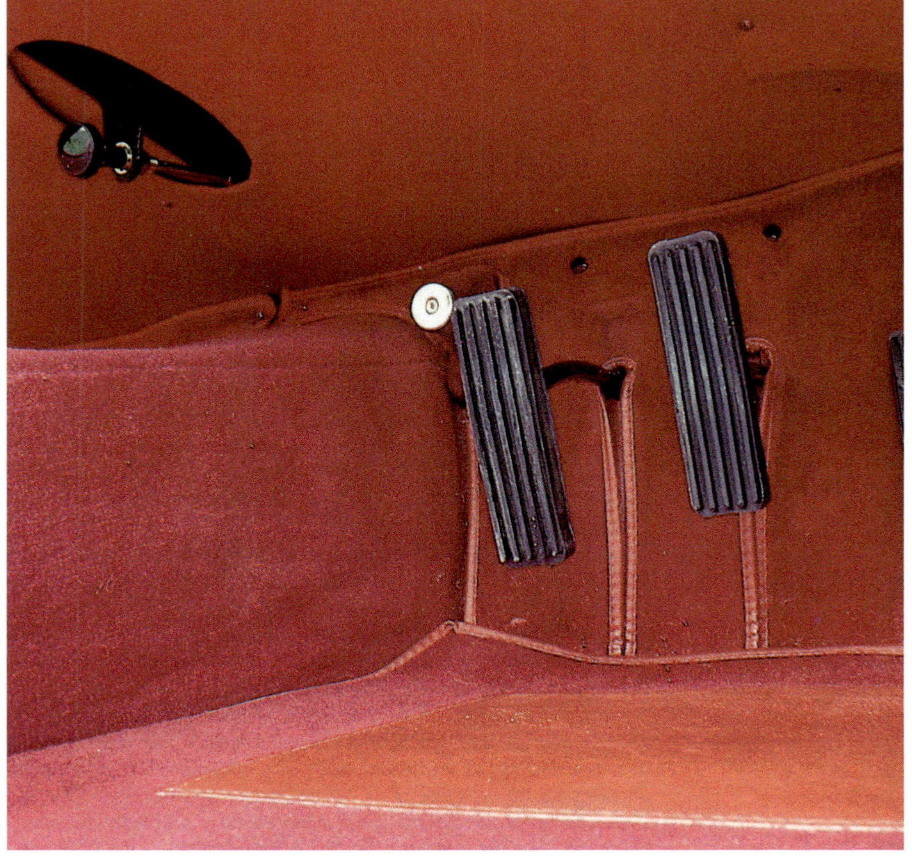

dunkleren Farbton der übrigen Innenausstattung gehalten war. Alle Lederteile im Innenraum des XK waren aus Conolly-Leder, die heute leider nicht mehr immer im exakten Farbton nachgeliefert werden können.

Die Armaturenbrettoberkante war mit einem lederbezogenen Wulst mit verchromten Endkappen versehen, der sich entlang der Türoberkanten und um den hinteren Innenraumausschnitt herum fortsetzte. Die einzelnen Längenmaße der Polsterstücke betrugen 1105 mm, 698 mm (x2) und 1638 mm. Innenraumboden und Getriebetunnel waren mit kunstledergefaßten, vorgeformten Teppichbodenstücken verkleidet. Sogar die korrekte Zahl der Saumstiche pro Zentimeter ist überliefert, aber das ist natürlich ein Geschäftsgeheimnis der Polsterer! Auf der Fahrerseite war ein 380 x 216 mm großer, PVC-bezogener Fersenschutz auf den Teppich aufgenäht.

Die Fußräume waren mit kunstlederbezogenen Platten ausgekleidet, wobei die Seitenteile mit Klappen versehen waren, um der durch die Fußraumbelüftung eingelenkten Frischluft Zugang zu verschaffen. Der Schalthebel ragte wie der Handbremshebel aus einem kleinen Ledersäckchen, das bisweilen mit einer simplen Schlauchschelle am Schaft fixiert wurde. Der im Fußraum an der Motorspritzwand angebrachte Fernlicht-Fußschalter saß in einer runden Aussparung im Teppich und war durch eine Gummikappe abgedeckt. Der Motorhauben-Entriegelungszug endete in einem metallenen Rändelknopf ungefähr in Kniehöhe.

Die Türinnenseiten waren lederverkleidet und hatten eine eingearbeitete Kartentasche mit lederbezogener Zelluloidklappe und Druckknopfverschluß. Alle Stoßkanten waren mit Kunstlederstreifen umsäumt, die Türentriegelung funktionierte über eine ebenfalls lederbezogene „Reißleine". Die Türen konnten von innen abgeschlossen werden, wobei die hierzu verwendeten Chromscheiben identisch mit denen der viel später eingeführten Limousine vom Typ 420 waren. Beim Roadster wurden die seitlichen Steckscheiben durch je zwei verchromte Rändelmuttern an der Türinnenseite festgeschraubt. Diese Steckscheiben bestanden aus einer dünnen, in einem verchromten Messingrahmen gefaßten Plexiglasplatte („Perspex"), darunter war eine aus Mohair-Verdeckstoff gefertigte Abdeckung mit eingearbeiteter Zelluloidklappe angebracht, durch die man dem übrigen Verkehr Handzeichen geben konnte.

Das Mohair-Verdeck des Roadsters war anfangs mit einer

kleinen Plexiglas-Heckscheibe versehen, die in einem Metallrahmen mit Chromleiste befestigt war. Ab Januar 1953 konnte die komplette Heckscheibe nach Öffnen eines zu drei Vierteln um die Scheibe reichenden Reißverschlusses in den Innenraum hineingeklappt werden. Zum Lieferumfang gehörte beim Roadster auch eine Spritzdecke („Tonneau Cover") aus Mohair-Material, die wie das Verdeck selbst an zwei kleinen, tropfenförmigen Chromhaken („Teardrops") auf dem Deckblech vor dem Kofferraumdeckel befestigt wurde. An der Vorderseite wurde die Abdeckung einfach an die Windschutzscheibenpfosten und die Armaturenbrettoberkante angeknöpft. Ab 1952 wurde die Spritzdecke mit chromgefaßten Entlüftungsöffnungen versehen.

Die späteren Verdecke waren etwas länger als die der ersten Exemplare, und die Steckscheiben hatten eine größere Fensterfläche. Diese Steckscheiben wurden übrigens in einem mit Hardura ausgekleideten Staufach hinter den Sitzen, unter dem Deckblech zwischen Kofferraumdeckel und Innenraumausschnitt, untergebracht. Der Kofferraumboden war mit einem separaten, umsäumten Teppich ausgelegt, die Radkästen waren nackt und die Verkleidung des Tankeinfüllrohrs mit Teppichboden beklebt. Die Innenseite des Kofferraumdeckels war mit einer dünnen, kunstlederbezogenen Spanplatte verkleidet und mit einer kleinen, holzgefaßten Leuchte versehen. Die Kofferraumdeckelstütze war entweder fahrzeugfarben lackiert oder verchromt, die Scharniere jedoch stets in Wagenfarbe lackiert.

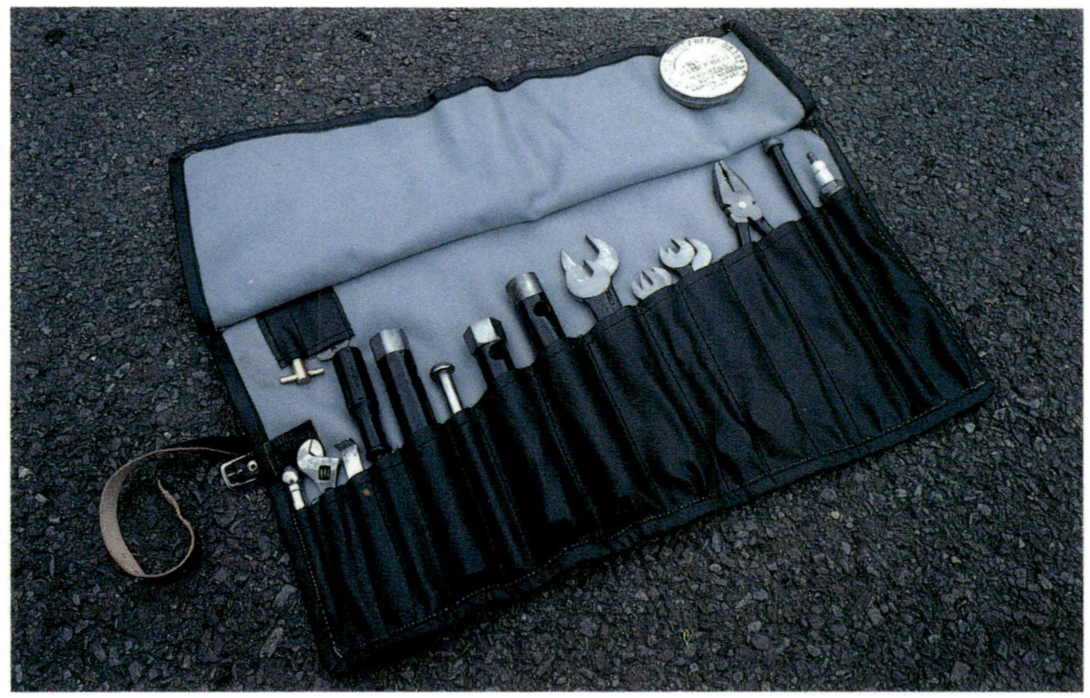

vorherige Seite
Alle Roadster-Türbeschläge sind heute wieder erhältlich, ebenfalls die Dichtleisten für die Schwellerunterkanten und die verchromten Teppicheinfassungen darüber.

oben
Bedingt durch die breiteren Naben der Speichenräder mußte bei derart ausgerüsteten Wagen der Kofferraumboden etwas angehoben werden. Theoretisch kann man so heute nachprüfen, ob ein Wagen ursprünglich mit Speichen- oder Scheibenrädern ausgeliefert wurde. Die Scharniere waren fahrzeugfarben lackiert.

rechts
Der normalerweise silberfarbene Vierkantschlüssel zum Entfernen der „Spats" war original mit zwei verchromten Federschellen an der Tankeinfüllstutzen-Verkleidung befestigt. Die fahrzeugfarben lackierten Kofferraum-Seitenwände waren nicht verkleidet.

ganz rechts
Aufgebockt wurde der XK durch den roten Wagenheber, der durch ein abgedecktes Loch vor den Sitzen durch den Fahrzeugboden gesteckt wurde und dessen Ausleger in eine von einem Gummistopfen verschlossene Aussparung im Rahmenlängsträger eingriff.

unten
In der Werkzeugtasche sollten folgende Teile enthalten sein: Ein Reifenventilausdreher, ein verstellbarer Schraubenschlüssel, eine Flachzange, ein Montiereisen, ein Schraubendreher, eine Fühlerlehre, ein Rohrsteckschlüssel (für Torsionsstab), drei weitere Rohrsteckschlüssel, ein Kerzenschlüssel, ein kurzer Knebel und ein langer Knebel, fünf Gabelschlüssel, ein Gabelschlüssel zur Bremsenentlüftung, ein Schlauchstück sowie eine kleine Fettdose.

kleines Bild Mitte
Wie der Innenraumboden bestand auch der Kofferraumboden aus Sperrholz und wurde durch Schrauben mit ovalen Unterlegscheiben in Position gehalten. Alle „Special Equipment“-Roadster verfügten über eine Doppelrohr-Auspuffanlage mit einem einzelnen Schalldämpfer, aus dem zwei verchromte Endrohre ragten.

oben
Für den XK 120 gab es sogar einen speziell geformten Koffersatz als Sonderzubehör.

rechts
Durch den Zubehör-Koffersatz konnte man den im nach hinten flach abfallenden Kofferraum des XK 120 zur Verfügung stehenden Platz vollständig ausnutzen.

links
Die Innenausstattung dieses Roadsters weist bereits einige spätere Details auf, wie zum Beispiel die Defrosterdüsen oder die Blinkeranlage. Man beachte das zeitgenössische Radiogerät unter der Instrumententafel.

Mitte
Der Innenraum des Coupés war insgesamt luxuriöser gehalten und hatte besser geformte Sitze als der Roadster.

unten
Was wir heute als ausstellbare Dreiecksfenster bezeichnen würden, hieß bei Jaguar noch „zugfreie Innenraumbelüftung". Die ansonsten schlichte Türverkleidung mit Kartentasche trug an ihrer Oberkante einen Streifen aus edlem Furnierholz. Das am Schweller anliegende Türunterteil, das beim Roadster noch mit Leder bezogen wurde, war beim Coupé nur noch lackiert.

Alle diese Teile sind heute wieder erhältlich oder können von spezialisierten Polsterbetrieben nachgefertigt werden. Die einzige Ausnahme bildet der schmale Chromstreifen an der Verdeck-Schließleiste.

Beim Coupé waren Armaturenbrett und Türoberkanten mit Walnußfurnier verkleidet, außerdem verfügte es an den Türinnenseiten über Fensterkurbeln und Türöffner. Entlang der Türunterkante war eine schmale Kartentasche angenäht. Der Verdeckhimmel war mit grünem oder beigem Wolltuch bezogen, Sonnenblenden gab es noch keine. In den C-Säulenverkleidungen waren links und rechts kleine Leseleuchten eingelassen, die über einen Schalter im Armaturenbrett eingeschaltet wurden. Hinter den Sitzlehnen erstreckte sich eine aufklappbare Hutablage, unter der sich ein schmales Gepäckabteil verbarg. Das komplette, kistenförmige Abteil ließ sich nach vorne klappen, wonach man Zugang zu den darunter befindlichen Batterien erhielt. Die Armaturenbrettoberseite und ein kurzer Kragen um die Lenksäule waren mit farblich zu den (bei diesem Modell übrigens aus zehn Polsterstreifen bestehenden) Sitzpolstern passendem Kunstleder bezogen.

Türinnengriffe und Fensterkurbeln sind heute noch erhältlich und können sowohl für das Coupé als auch für das Cabriolet verwendet werden. Dies gilt übrigens auch für die verchromten Zuziehgriffe an den Türoberkanten von Coupé und Cabriolet.

vorherige Seite, oben
Der an den Coupé-Seitenscheiben verwendete Ausstellmechanismus ähnelte dem bei anderen Jaguar-Modellen, wie beispielsweise dem Mk II, verwendeten. Beim XK waren die Riegel jedoch flach, ohne Vertiefung für den Daumen. Die Innenleuchten werden bislang noch nicht nachgefertigt.

vorherige Seite, ganz links
Unter der Hutablage befand sich ein kleiner Stauraum, der mit Verdeckhimmeltuch ausgeschlagen war. Jaguar-Experten sind der Meinung, daß die Deckelscharniere von überlappendem Kunstlederbezug verdeckt sein müßten.

vorherige Seite, links
Unter dem Stauraum waren die beiden Sechs-Volt-Batterien untergebracht. Leider sind Blockbatterien im zeitgenössischen Look heute kaum mehr erhältlich.

Die Innenausstattung des Cabriolets unterschied sich kaum von der des Coupés. Lediglich die Hutablage hinter den Sitzen war mit Gummistreifen belegt und die Sitzflächen nur durch neun Steppnähte unterteilt.

Das Mohairverdeck des Cabriolets war ein ungleich komplizierteres Teil als das spartanische Roadster-„Notverdeck“. Zum einen handelte es sich um ein echtes Faltverdeck, und zum anderen war die gesamte Verdeckmechanik hinter einem luxuriösen Himmel versteckt. Nach Öffnen zweier Reißverschlüsse konnte die Heckscheibe zwar wie im Roadster aufgeklappt werden, doch handelte es sich dabei nicht um dieselbe Scheibe. Die Chromeinfassung für die Cabriolet-Heckscheibe gibt es mittlerweile wieder zu kaufen, und die umlaufende Chromleiste an der Verdeckbasis kann man sich anfertigen lassen. Diese Leiste hatte jedoch keinen halbrunden Querschnitt, sondern war im Profil eher „P“-förmig, da ja die Spritzdecke an der Leiste angeklipst wurde. Der Chromstreifen entlang der Verdeckschließleiste kann ebenfalls nach Muster nachgefertigt werden. Das Verdeck wurde an dieser Leiste übrigens mit drei verchromten Schnappverschlüssen befestigt, die im einschlägigen Fachhandel erhältlich sind.

Im Cabriolet waren die Passagiere mindestens ebenso luxuriös untergebracht wie im Coupé. Die ungewöhnlich saubere Verarbeitung von Verdeck und Himmel vermittelte bei geschlossenem Dach das Gefühl, in einem Coupé zu sitzen.

vorherige Seite
Die Innenausstattung dieses Wagens wurde im Zuge der Restaurierung offensichtlich verändert, denn die Sitze passen farblich nicht zu den kunstlederbezogenen Flächen von Armaturenbrettoberkante und Lenksäulenverkleidung.

Dieses Modell ist mit dem gegen Aufpreis erhältlichen, abgekröpften Schalthebel ausgerüstet.

rechts
Die Heckscheibe war mittels Reißverschluß im Verdeck befestigt und konnte bei Bedarf geöffnet werden. Der verchromte Rahmen ist wieder erhältlich, paßt jedoch nicht für die Roadster-Heckscheibe. Die anderen Chromleisten, darunter auch die Profilleiste an der Verdeckunterkante, werden leider noch nicht nachgefertigt.

unten
Da der Verdeckmechanismus beim Cabriolet nicht hinter den Sitzen versteckt werden mußte, haben auch die Sitze eine glattere Rückseite als die des Roadsters. Die Batterien versteckten sich wie beim Coupé unter dem komplett nach vorne klappbaren Staufach, das im Original jedoch einen mit Gummistreifen versehenen Deckel hatte.

ARMATURENBRETT UND INSTRUMENTE

Das Armaturenbrett des Roadsters war mit farblich zu den Sitzen passendem Leder bezogen, die Instrumententafel befand sich in der Mitte und ragte einige Zentimeter in den Innenraum. Bei Wagen mit zweifarbiger Innenausstattung waren die Stirnflächen des Armaturenbretts im helleren Farbton der Sitzmitte gehalten, während die Lippe an der Armaturenbrettunterkante den dunkleren Farbton von Sitzumrandung, Teppichen und Türverkleidungen wiederspiegelte. Vor dem Beifahrersitz war ein verchromter Haltegriff montiert, das Radiogerät wurde normalerweise hängend unter der Instrumententafel installiert.

Die größten Instrumente waren ein Tachometer und ein Drehzahlmesser (mit integrierter Zeituhr) von Smiths, die kleineren eine kombinierte Smiths-Kraftstoff-/Ölstandsanzeige (die über einen schwarzen Lucas-Druckknopf, der später entfallen sollte, am Armaturenbrett umgeschaltet wurde), eine kombinierte Smiths-Kühlwasser-/Öldruckanzeige, sowie ein Lucas-Amperemeter. Der Zigarettenanzünder stammte ebenfalls von Smiths, doch Lichtschalter, Starterknopf, Zündschalter, Zündungs-Kontrolleuchte, Innenbeleuchtungs- und Scheibenwischerschalter kamen vom Zulieferer Lucas. Die Zigarettenanzünder der frühen Exemplare hatten übrigens ein gläsernes Mittelstück.

Die späten Exemplare erhielten ab September 1952 eine neu arrangierte Instrumententafel mit zusätzlichem Heizungsregler und Blinker-Kontolleuchte. An den frühen XK 120 befand sich der Zündschalter rechts über dem Drehzahlmesser, später rechts unter demselben.

Die XK-120-Instrumente sind zwar unter den einzelnen Versionen austauschbar, doch man muß bedenken, daß die Übersetzung des Tachometerantriebs der Hinterachsübersetzung angepaßt war. Obwohl Instrumente heute nicht mehr erhältlich sind, können sie von Spezialbetrieben überholt und, wie bei Tachometern häufig der Fall, neu geeicht werden.

Das Armaturenbrett des Coupés war in Form, Material und Stil dagegen völlig anders gestaltet, obwohl die Instrumente von denselben Herstellern stammten und im Grunde in ähnlicher Weise gruppiert waren. Armaturenbrett und Instrumententafel waren mit Walnußwurzelholz furniert, vor dem Beifahrer war ein abschließbares Handschuhfach eingelassen. Ein einzelner, verchromter Aschenbecher befand sich in der Mitte über den Instrumenten, und an der Unterkante der Instrumententafel war eine kleine Schublade eingearbeitet. Sowohl Handschuhfach als auch Schublade waren mit grünem Filz ausgeschlagen, die Innenraumbeleuchtung wurde über einen Zugschalter betätigt.

Für das Cabriolet wurde das Armaturenbrett des Coupés übernommen.

Das Armaturenbrett des Roadsters bestand aus Blech und war mit Leder bezogen. An seiner rechten Seite, hier nicht zu sehen, befand sich ein schwarzer Schalter, über den die Funktion der kombinierten Kraftstoff-/Ölstandsanzeige umgeschaltet werden konnte.

Mitte
Hier ein später entstandener Roadster, in dessen Instrumententafel im Gegensatz zum oben abgebildeten roten Armaturenbrett das Zündschloß weiter nach unten gerückt ist.

unten
Die Innenausstattung des Cabriolets war fast unverändert aus dem Coupé übernommen worden, der Schalter für die Innenbeleuchtung konnte jedoch entfallen.

kleines Bild links unten
Das Coupé-Armaturenbrett war ganz im Stil der großen Jaguar- Limousinen in feinstem Wurzelholz gehalten, obwohl sich an der Instrumentierung im Vergleich zum Roadster nur wenig geändert hatte.

oben
Das XK-Triebwerk im Coupé war im Prinzip das gleiche wie im Roadster, obwohl speziell das abgebildete Modell über einen einzelnen Luftfilter hinter dem Kühler und ein dickes, flexibles Rohr zu den Vergasern verfügen müßte. Der Scheibenwaschwasserbehälter wurde vom Besitzer nachträglich montiert.

unten
Die Nockenwellendeckel der frühen XK-Motoren verfügten an ihrer Vorderseite über keinerlei Haltebolzen, so daß auftretende Undichtigkeiten oft durch die Montage eines Gewindebolzens mit einem Brückenstück kuriert wurden. Die bei der werksseitig vorgenommenen Reparatur eingesetzte Stahlscheibe war jedoch kleiner und verchromt.

MOTOR

Das sechszylindrige XK-Triebwerk mit 83 mm Bohrung und 106 mm Hub hatte 3442 ccm Hubraum. Es war auf Wunsch mit Verdichtungsverhältnissen von 7:1, 8:1 oder 9:1 erhältlich, was in der Motornummer durch einen entsprechenden Zusatz festgehalten wurde (zum Beispiel W.1002/8). Der Grauguß-Motorblock war schwarz lackiert, während die Ölwanne, ein Aluminiumgußteil, unlackiert blieb. Oben auf dem Block thronte der Aluminium-Zylinderkopf, der bei allen XK 120 silberfarben lackiert war. Die Zündfolge lautet 1, 5, 3, 6, 2, 4, wobei Zylinder 1 der Kupplung am nächsten steht.

Der Ansaugkrümmer mit integriertem Kühlwasserkanal sowie die Nockenwellendeckel und der Entlüfterdom bestanden ebenfalls aus Aluminium und hatten wie die Vorderseite des Zylinderkopfs eine leicht polierte Oberfläche. Spätere Exemplare (wahrscheinlich ab November 1951) erkennt man an den zusätzlichen Ventildeckel-Befestigungsmuttern im Bereich der Kettenschachtabdeckungen. Manche frühen Modelle haben von ihren Besitzern nachträglich einen Gewindebolzen zwischen diesen beiden Kettenschachtabdeckungen erhalten, an dem ein kleines Brückenstück befestigt werden konnte, das beide Abdeckungen an ihre Dichtflächen drückte. Die beiden Nockenwellen wurden über zwei Duplex-Rollenketten angetrieben, die mächtige Kurbelwelle aus EN.16-Manganmolybdänstahl drehte sich in sieben Vanderwell-Weißmetall-Gleitlagern mit fast 70 mm Durchmesser. Die Pleuel wurden aus demselben Material wie die Kurbelwelle hergestellt, die mit drei Ringen (zwei Kompressionsringe, ein Ölabstreifring) bestückten Kolben waren aus Aerolite-Aluminium gefertigt.

Experten vermuten, daß die Zündkerzenkabel bei den ersten XK 120 um die Motorrückseite herum und zwischen den Nockenwellengehäusen hinter einer an den linken Zylinderkopfbolzen befestigten Abdeckleiste geführt waren. Bei den später produzierten Fahrzeugen verkürzte man den Weg der Hochspannungsleitungen und verlegte sie über den rechten vorderen Nockenwellendeckel. Das Bündel wurde von einem verchromten Ring mit Gummieinsatz zusammengehalten und die Abdeckleiste an den rechten Zylinderkopfbolzen befestigt.

Das normale Triebwerk entwickelte 160 PS, die „Special Equipment"-Version (mit geänderten Nockenwellen für größeren Ventilhub) 180 PS. Der später erhältliche C-Type-Zylinderkopf mit 41 mm großen Auslaßventilen (sonst 36,5 mm) mobilisierte gar 210 PS. Wenn dieser Zylinderkopf im XK 120 zum Einbau kam, wurde er wie die zahmen Versionen silbern lackiert, blieb jedoch an dem eingegossenen „C" leicht zu erkennen.

VERGASER

Im Laufe seiner Produktionszeit wurde der XK 120 mit drei verschiedenen Vergasertypen bestückt. Zwei Typen sind schon äußerlich gut zu unterscheiden: Die frühen Exemplare haben hohe Vergaserdome, die späteren niedrige. Außerdem war eine elektrische Starterdüse zur Gemischanreicherung vorhanden, die bei den frühen Exemplaren im Schwimmergehäuse des hinteren Vergasers untergebracht, bei der späteren Version dagegen als separates Bauteil am vorderen Vergaser angeschraubt war. Die Kraftstoffversorgung übernahm eine elektrische SU-Benzinpumpe über Kupferleitungen.

Die Roadster hatten zwei flache, schwarz lackierte Rundluftfilter, die direkt am Vergaser befestigt wurden. Bei den anderen Versionen befand sich an dieser Stelle ein großes Sammelrohr, das über einen dicken Schlauch mit dem zylindrischen Filtertopf hinter dem Kühler verbunden war.

Die „Special Equipment"-Versionen mit C-Type-Zylinderkopf waren mit den größeren 2-Zoll-Vergasern ausgerüstet, die an ihren etwas eckigeren Gehäusen mit rauher Oberfläche leicht zu erkennen waren.

Die meisten Vergaserteile sind heute problemlos erhältlich, zumal sich eine ganze Anzahl Firmen auf SU-Vergaser spezialisiert hat.

KÜHLSYSTEM

Die Kühlflüssigkeit gelangte beim XK 120 von der Kühlerunterseite über die Wasserpumpe in den Block, stieg nach oben durch die Kanäle in Zylinderkopf und Ansaugkrümmer, und wurde in den oberen Wasserkasten des stehend montierten Kühlers zurückgeleitet. Ein Thermostat, der am Ausgang des Ansaugkrümmer-Kühlwasserkanals angebracht war, ließ die Kühlflüssigkeit so lange durch den Motor zirkulieren, bis sie eine bestimmte Temperatur erreicht hatte, und gab dann den Weg zum Kühler frei. Das gesamte System stand unter Druck und wurde normalerweise von einem runden Überdruck-Kühlerdeckel mit einem Öffnungsdruck von 0,3 bar verschlossen. Die Überlaufleitung am Einfüllstutzen wurde seitlich am Kühler heruntergeführt.

Das bei frühen XK 120 verwendete polierte Lüfterrad aus Aluminiumguß saß auf der Wasserpumpenwelle und wurde über einen Keilriemen angetrieben. Später wurde dieses teure Bauteil durch einen simplen Stahlblechlüfter ersetzt. Der Kühler, der mattschwarz lackiert sein sollte, verfügte an der Unterseite über eine Ablaßschraube aus Messing; am Motorblock befand sich die verchromte Kühlwasser-Ablaßschraube links hinten.

Kühler und Wasserpumpen können überholt werden, außerdem gibt es neue, nachgefertigte Wasserpumpen und alle Kühlwasserschläuche. Die Teile sind unter XK-120-Versionen austauschbar, nicht jedoch mit den späteren XK-Modellen.

AUSPUFFANLAGE

Alle XK-120-Versionen verfügten über zwei gußeiserne 3-in-1-Auspuffkrümmer, deren glänzend schwarze Emaillebeschichtung meist nicht sehr lange hielt. Bei den Standardversionen wurden die beiden nach unten gerichteten Krümmerrohre in einem Hosenrohr zusammengefaßt und als einzelnes Auspuffrohr durch den mittleren Rahmenquerträger hindurch nach hinten geführt. Kurz vor dem einzelnen Schalldämpfer war ein Stück flexibles Rohr eingefügt. Es gab in kurzer Folge nicht weniger als vier verschiedene Endrohre, die offenbar alle unter dem linken hinteren Kotflügel direkt hinter dem Rad ins Freie ragten. Die Endrohre waren stets verchromt oder poliert.

„Special Equipment"-Versionen hatten eine sogenannte Zweirohr-Sportauspuffanlage. Zwei getrennte Rohre wurden unter dem Rahmenquerträger nach hinten zu einem einzelnen Schalldämpfertopf geführt, die Endstücke befanden sich an der Rückseite des Wagens. Ab März 1953 wurden „Special Equipment"-Coupés mit Einrohr-Auspuffanlagen ausgerüstet.

Die Auspuffanlagen lassen sich ohne weiteres unter den einzelnen XK-120-Versionen austauschen und sind bereits wieder als Reproduktionen erhältlich. Edelstahl-Auspuffanlagen sind zwar nicht original, dafür äußerst praktisch.

ELEKTRISCHE ANLAGE

Herzstück der Anlage war eine Lucas-Lichtmaschine, deren genauer Typ vom Verdichtungsverhältnis des Motors abhängig war. Zündspule (A45012/A-B.12/L), Magnetschalter (76411/D-ST.950), Anlasser (entweder 26042/E-M.45G/GC.47 oder 26062/A-M.45G/GC.47), Regler (37076/D-RF.95/2-L.4) und Sicherungsblock (37110/A-SF.4/L.23) mit Deckel stammten ebenfalls von Lucas.

Für 7:1 verdichtete Motoren wurden Zündkerzen vom Typ Champion L.10S empfohlen, für 8:1 verdichtete L.11S und für 9:1 verdichtete NA.12. Besitzern, die ihren XK oft bei Rennen einsetzten, empfahl man Champion L.11S (7:1) oder NA.10 (8:1).

Das Lucas-Zweiklanghorn, bestehend aus Hochtöner 69033-WT.29U und Tieftöner 69032-WT.29U, gab es serienmäßig, das dazugehörige Relais hatte die Lucas-Teile-Nr. 33116/A-SB.40/L.2 bei frühen Exemplaren (bis einschließlich Fgst.Nr. 660784 bzw. 671097) bzw. 33135/B-SB.40/1 bei den späteren.

Der torpedoförmige Hupenknopf in der Lenkradnabe war der Mk-V-Limousine entliehen, jedoch verkehrtherum und ohne Blinkerschalter montiert, sofern nicht ausdrücklich Blinker bestellt wurden. Ab September 1954 erhielten alle XK 120 den flacheren Hupenknopf, der auch im XK 140 verwendet wurde.

Für die Roadster gab es allein drei verschiedene Lucas-Scheibenwischermotoren, für das Coupé gar noch eine vierte Variante.

Der Kabelbaum bestand aus separaten Zweigen für Karosserie, Instrumententafel, Motor (mit Lucas-Verbinderbox), Chassis, Kofferraum und (für Exportmodelle) Blinker. Masseverbindungen bestanden zwischen Motor und Chassis, zwischen Karosserie und Motor, sowie für die Benzinpumpen, die Standleuchten und (beim Coupé) die Innenbeleuchtung.

Neu gewickelte Kabelbäume, auch wie im Original mit Stoff umsponnene, sind heute wieder erhältlich, die meisten elektrischen Komponenten lassen sich überholen.

GETRIEBE

Die Einscheiben-Trockenkupplung von Borg & Beck hatte einen Durchmesser von 254 mm und drehte sich in einer Glocke aus Aluminiumguß. Das Moss-Getriebe verfügte über vier Vorwärts- und einen Rückwärtsgang, wobei der erste und der Rückwärtsgang nicht synchronisiert waren. Das schwarz lackierte Getriebegehäuse bestand aus Grauguß, die Hauptwelle war jedoch an der Getrieberückseite in einem zusätzlichen Leichtmetall-Lagerschild gelagert, das wie die Kupplungsglocke und der obere Deckel silberfarben gehalten war. Der erste Gang war 3,375:1 übersetzt, der zweite 1,982:1, der dritte 1,367:1 und der letzte direkt 1:1.

Fahrgestellnummern beziehen sich auf RHD/LHD

Januar 1950

Ölwanneninhalt auf 13,6 Liter vergrößert, „Maximum"-Markierung am Ölmeßstab 205 mm unter der Meßstaböffnung.

Werkzeugsatz durch Fühlerlehre ergänzt.

Spurstangenköpfe mit wartungsfreien Buchsen versehen, dadurch entfallen die Schmiernippel.

April 1950

Abdeckbleche zur wahlweisen Montage auf den Bremsbelüftungshutzen beigefügt, um das Eindringen von Schmutz und Spritzwasser in die Bremstrommeln zu verhindern.

Juli 1950

Neue „Ferobestos"-Lagerbüchsen für die unteren Dreiecksquerlenker der Vorderachse eingeführt, um das beobachtete Radflattern bei niedrigen Geschwindigkeiten zu unterbinden. Schmiernippel durch Blindstopfen ersetzt.

August 1950

Ab Fgst.-Nr. 660126/670439 (Roadster)
Nachlaufwinkel von 5° auf 3° verringert.

Zwei einzelne Luftfilter serienmäßig (betrifft nicht spätere Cabriolets und Coupés).

Dezember 1950

Öleinfüllschraube der vorderen Newton-Stoßdämpfer entfällt.

Januar 1951

Bremsbelagsorte von Mintex M.15 auf Mintex M.14 geändert.

März 1951

Einführung der überarbeiteten ENV-Hinterachse; freie Austauschbarkeit von Hinterachs-Einzelteilen nicht mehr gewährleistet.

November 1951

Ab Motor-Nr. W.3686
Anguß zum Einbau einer Motorvorwärmeinrichtung hinten links am Motorblock angebracht, knapp über und vor der Ölmeßstaböffnung.

Ab Fgst.-Nr. 660675/671097 (Roadster)
Fußraum-Belüftungsklappen in den vorderen Kotflügeln.

Modifizierte Pleuel eingeführt, als kompletter Satz nach wie vor austauschbar.

Ab Fgst.-Nr. 660911/671493 (Roadster)
„Klimaanlage" ohne Defrosterdüsen für die Windschutzscheibe serienmäßig.

Von Motor-Nr. W.3593 bis einschl. W.3596 und ab W.3635
Gestufte Ölwanne aus dem Mk VII eingeführt. Ölwanneninhalt jetzt 13,5 Liter.

Februar 1952

Ab Motor-Nr. W.4052
Geänderter Steuerkettenspanner.

Ab Fgst.-Nr. 660935/671797 (Roadster)
669003/679222 (Coupé)
Salisbury-Hinterachse mit Endübersetzung 3,77:1 an manchen Fahrzeugen montiert.

Ab Fgst.-Nr. 660935/671797 (Roadster)
669003/679215 (Coupé)
Getriebe mit kurzer Hauptwelle ohne hinteres Lagerschild-Gehäuseteil, längere Kardanwelle und geänderte Tachometerantriebswelle eingeführt.

April 1952

Ab Motor-Nr. W.4483
Ventilführungen an Nockenwellen mit 9,5 mm Ventilhub angepaßt.

Vereinzelte Fahrzeuge mit Getriebe mit langer Hauptwelle (Präfix SH oder JH) ausgerüstet.

Ab Motor-Nr. W.4383
Ölfilter vom Mk VII eingebaut.

Ab Fgst.-Nr. 660980/672049 (Roadster)
669003/679622 (Coupé)
Selbstnachstellende Bremsbacken vorne, Tandem-Hauptbremszylinder mit geteiltem Flüssigkeitsbehälter, sowie geänderte Bremseinsteller hinten eingeführt.

Mai 1952

Ab Motor-Nr. W.5465
Sechsblättriges Lüfterrad mit angesetzter Riemenscheibe und Nabe montiert.

Juni 1952

Ab Fgst.-Nr. 660980/672049 (Roadster)
669003/679622 (Coupé)
Neu abgestimmte Newton-Teleskopstoßdämpfer (C.7183) mit 54 mm statt 70 mm Durchmesser an der Vorderachse montiert.

Ab Fgst.-Nr. 660986/672280 (Roadster)
669003/679729 (Coupé)
Neu abgestimmte Girling-Stoßdämpfer (C.7214 rechts, C.7215 links) an der Hinterachse montiert. Girling-Teilenummer (71 links, 72 rechts) ist an der Oberseite eingeschlagen.

Oktober 1952

Ab Motor-Nr. W.6149
Ölstandgeber und -anzeigeinstrument entfallen; Gehäuseöffnung im Block durch Abdeckplatte verschlossen.

Ab Getriebe-Nr. JL.13154
Neues Getriebegehäuse-Oberteil mit Rückwärtsgang-Einlegesperre eingeführt.

Neuer Schieber in der Kaltstart-Gemischanreicherung (erkennbar an grünem Farbklecks auf dem Gehäuse).

Ab Fgst.-Nr. 661025/672963 (Roadster)
Vordere Standleuchten in die Kotflügeloberkante integriert und mitlackiert. Exportmodelle mit Relais versehen und so verkabelt, daß diese Leuchten auch als Blinker funktionieren.

Ab Fgst.-Nr. 661025/672963 (Roadster)
Windschutzscheiben-Defrosterdüsen eingeführt und wie beim Coupé über flexible Rohrleitungen mit der Fahrzeugheizung verbunden.

Umbausatz auf amerikanische „Sealed Beam"-Scheinwerfereinsätze angeboten.

Dezember 1952

Ab Getriebe-Nr. JL.13834, bzw. SL.6313A
Synchronringe des ersten und zweiten Ganges mit Haltestiften gesichert.

Ab Fgst.-Nr. 661040/673320 (Roadster)
669003/679222 (Coupé)
Hinterachsfedern der „Special Equipment"-Versionen für alle Modelle übernommen. Die neuen Federpakete setzten sich aus fünf 5,5 mm und zwei 4,7 mm starken Federlagen zusammen, die vorher verwendeten hatten aus drei 5,5 mm und vier 4,7 mm starke Federlagen bestanden.

Ab Karosserie-Nr. F.5272 (Roadster) sowie bestimmte Exemplare zwischen den Nr. 5082 und 5272,
ab Karosserie-Nr. J.2375 (Coupé) sowie bestimmte Exemplare zwischen den Nr. 2223 und 2368
Fahrzeugteile mit Kunstharzlack lackiert. Eine Dose schnelltrocknender Kunstharzlack wurde jedem Exportmodell in einem speziellem Karton unter dem Reserverad beigelegt.

Ab Fgst.-Nr. 661037/673009 + 661026, 661028, 661029 (Roadster)
669003/680271 + 680167, 680168, 680169 (Coupé)
Trico-Unterdruck-Scheibenwaschanlage montiert, bestehend aus gläsernem Wasserbehälter an der Motorspritzwand, zwei Schläuchen und zwei Düsen vor der Windschutzscheiben-Unterkante. Im Deckel des Wasserbehälters saß die über eine Unterdruckleitung durch den verchromten Zugknopf am Armaturenbrett betätigte Pumpe.

Ab Fgst.-Nr. 661042/673298 (Roadster)
669003/680477 (Coupé)
Felgenbreite der Stahlscheibenräder auf 5½ Zoll vergrößert.

Coupés werden mit zwei Schlüsseln ausgeliefert, einem für Zündschloß, Türschloß und den abschließbaren Tankdeckel, und einem für Kofferraum- und Handschuhfachschlösser.

Ab Fgst.-Nr. 661046/673396 (Roadster)
Neue Heckscheibeneinfassung mit Reißverschluß eingeführt. Die nach oben öffnende Scheibe wurde durch eine an einem Verdeckspriegel anknöpfbare Lasche offengehalten.

Rechte Seite des Getriebetunnels mit einem herausnehmbaren Deckel versehen, um leichter Zugang zu Kreuzgelenk und Schmiernippel zu erhalten.

Februar 1953

Coupé-Version erhält neuen, hinter dem Kühler plazierten Luftfilter, bislang verwendete Vergaser-Düsennadeln (RF) werden durch dünnere (WO 2) ersetzt.

März 1953

Ab Fgst.-Nr. 669005/680738 (Coupé)
„Special Equipment"-Version mit Einrohr- statt Doppelrohr-Auspuffanlage ausgerüstet (gilt nicht für Roadster).

Ab Motor-Nr. W.7207
Neue Wasserpumpe.

April 1953

Ab Fgst.-Nr. 661054/673693 (Roadster)
669007/680880 (Coupé)
667002/677016 (Cabriolet)
Salisbury-2HA-Hinterachse (3,54:1) durch 4HA (3,77:1) ersetzt.

Mai 1953

Ab Motor-Nr. W.8275
Leichtere Schwungscheibe der „Special Equipment"-Versionen serienmäßig für alle Modelle.

Ab Motor-Nr. W.8381
Gußeiserner Kurbelwellen-Schwingungsdämpfer durch ein Exemplar aus Maschinenstahl ersetzt.

Juni 1953

Ab Motor-Nr. W.8643
Neue Pleuel mit größer dimensionierten Aufnahmen für die Lagerschalen-Haltebolzen.

Ab Fgst.-Nr. 661078/674006 (Roadster)
669021/681203 (Coupé)
667002/677286 (Cabriolet)
Neue Tachometerantriebswelle.

Ab Fgst.-Nr. 661075/673995 (Roadster)
669021/681200 (Coupé)
667002/677242 (Cabriolet)
Neue Drehzahlmesserantriebswelle.

August 1953

Zündanlage aller Modelle funkentstört.

September 1953

Für „Special Equipment"-Roadster gibt es die vorher beigefügten Renn-Windschutzscheiben „Aero Screens" nur noch gegen Aufpreis.

Ab Getriebe-Nr. JL.18457
Verstärkte Schaltgabeln eingebaut.

Januar 1954

Neue Ventilspielwerte für alle Modelle (Einlaß jetzt .004, Auslaß .006 Zoll, bei Sporteinsatz Einlaß .006, Auslaß .010 Zoll empfohlen).

Ab Getriebe-Nr. SL.9984A
Verstärkte Schaltgabeln eingebaut.

JH- und JL-Getriebe
Wenn mit enggestuften Zahnradsätzen bestückt, Getriebenummer mit Zusatz „CR" versehen.

Ab Fgst.-Nr. 661151/674415 (Roadster)
669106/681271 (Coupé)
667161/678085 (Cabriolet)
Neuer Zigarettenanzünder (aus der Mk-II-Limousine) mit vier Kerben im verchromten Armaturenbretteinsatz und kupferfarbener Auswurffeder am Anzünder montiert. Nicht gegen vorherigen Anzünder austauschbar.

April 1954

Ab Motor-Nr. F.2726
Kupplungs-Mitnehmerscheibe C.8401 montiert.

Ab Motor-Nr. F.2365
Neue Einlaßventile mit Vertiefung im Teller eingeführt.

Ab Motor-Nr. F.2421
Neue Auslaßventile mit oberhalb des Ventiltellers verringertem Schaftdurchmesser und kürzeren Führungen ohne Querbohrung eingeführt.

Mai 1954

Ab Motor-Nr. F.2773
Neuer, hartverchromter und polierter Steuerkettenspanner montiert.

August 1954

In Großbritannien werden zwei Rückstrahler gesetzlich vorgeschrieben. Infolgedessen werden zwei Lucas-Katzenaugen (RER5) am Kofferaumdeckel im Abstand von ca. 82 mm von der unteren und jeweils ca. 35 mm von den seitlichen Deckelkanten angeschraubt.

September 1954

Ab Fgst.-Nr. 661165 (nicht 6, 7, 8 und 9)/ 674929 (nicht 675031-675607) (Roadster)
669158/681466 (Coupé)
667243/678305 (Cabriolet)
Neue Drehzahlmesserantriebswelle mit schwarzer Kunststoffummantelung.

Ab Fgst.-Nr. 661170/675763 (Roadster)
669185/681477 (Coupé)
667271/678390 (Cabriolet)
Handbremshebel geändert.

Ab Fgst.-Nr. 661172/675926 (Roadster)
669164/681481 (Coupé)
667280/678418 (Cabriolet)
Geänderte Lenksäule mit flacherem Hupenknopf.

„SPECIAL EQUIPMENT"-VERSIONEN

Spezielle Nockenwellen mit 9,525 mm Ventilhub
Spezieller Kurbelwellen-Schwingungsdämpfer
Speichenräder mit kerbverzahnten Naben und Zentralmuttern
Doppelrohr-Auspuffanlage (nur Roadster)
Steifere Querstabilisatoren mit 25 mm Durchmesser
Leichtere Schwungscheibe
Härtere Federn hinten
Zwei Lucas-Nebelscheinwerfer

SONDERZUBEHÖR

Folgende Zubehörteile waren gegen Aufpreis erhältlich:

Nebelleuchten (Lucas 053135/A-SFT.700/S), einzeln oder paarweise
Koffersatz (bestehend aus zwei speziell geformten Koffern, die exakt in den Kofferraum von Roadster, Cabriolet oder Coupé paßten)
Gepäckbrücke
Radiogerät (Radiomobile RM.100, bestehend aus Empfänger, Verstärker und Antenne)
Ebenfalls folgende Radiomobile-Modelle erhältlich: 4012, 4014, 4050, RM.4200, RM.4203 und RM.4300
Radio-Einbausatz für verschiedene Radiogeräte (bestehend aus Blenden, Kleinteilen etc.)
Kraftstoff-Zusatztank
Verbindungsschlauch für Kraftstoff-Zusatztank
Haltebänder für Kraftstoff-Zusatztank
Kraftstoff-Haupttank
Reserveradhalterung (bei eingebautem Kraftstoff-Zusatztank erforderlich)
Renn-Windschutzscheiben, links und rechts (serienmäßig bei „Special Equipment"-Versionen mit Fahrgestellnummern-Präfix „S")
Steinschlagschutz (unter Rahmenträger)
Schalensitze (Rennausführung)
Innenraumboden, links und rechts (bei eingebauten Schalensitzen erforderlich)
Modifizierter Zylinderkopf (C-Type) mit größeren Ventilen und Kanälen, erhältlich mit 2-Zoll-Vergasern
Rennkupplung
Enggestuftes Getriebe
Alternative Hinterachsübersetzungen: 3,31:1, 4,09:1, 4,27:1 und 4,55:1
Heizung
Ölwannenschutz

LACK- UND FARBKOMBINATIONEN

* Keine Informationen über die Verdeckfarbe bei Roadstern

KAROSSERIE	INNENAUSSTATTUNG			VERDECK	
	ROADSTER	COUPÉ	CABRIOLET	ROADSTER*	CABRIOLET
Veloursgrün	Veloursgrün	Veloursgrün	Veloursgrün		Französischgrau Schwarz
Elfenbein		Rot Hellblau	Rot Hellblau		Dunkel Sandfarben Französischgrau Schwarz
Birkengrau	Rot Biskuit	Rot Grau Hellblau	Rot Grau Hellblau		Französischgrau Schwarz
Schlachtschiffgrau		Rot Grau Biskuit	Rot Grau		Französischgrau Waffengrau Schwarz
Lavendelgrau		Rot Veloursgrün Hellblau	Rot Veloursgrün Hellblau		Französischgrau Schwarz
Waffengrau		Rot Grau Hellblau	Rot Grau Hellblau		Französischgrau Waffengrau Schwarz
Schwarz	Biskuit Schweinslederfarben	Hellbraun Rot Grau Schweinslederfarben Biskuit	Hellbraun Rot Grau Schweinslederfarben Biskuit		Dunkel Sandfarben Französischgrau Schwarz Waffengrau
Blaßgrün-Metallic		Veloursgrün Hellblau Grau	Grau Hellblau		Französischgrau Schwarz
Taubengrau		Hellbraun Biskuit	Hellbraun Biskuit		Dunkel Sandfarben Schwarz
Bronze	Biskuit Hellbraun				

FAHRGESTELLNUMMERN UND BAUZEITRAUM

Ausführung	Bauzeitraum	Fahrgestellnummern	
		RHD	LHD
Roadster (OTS)	1949-1954*	660001	670001
Coupé (FHC)	1951-1954	669001	679001
Cabriolet (DHC)	1953-1954	667001	677001

* bereits Ende 1948 angekündigt

Ein „S“ vor der Fahrgestellnummer steht für „Special Equipment“.

Die Motornummern begannen mit W.1001, ab November 1953 mit F.1001. Der Zusatz /7, /8 oder /9 steht für das Verdichtungsverhältnis.

In den USA wurde der XK 120 SE (für „Special Equipment“) inoffiziell auch als XK 120 M (für „Modified“) bezeichnet.

XK 140

KAROSSERIE

In der Konstruktion unterschied sich der XK 140 nur unwesentlich von seinem Vorgänger und wurde in der Zeit vor Serienanlauf werksintern sogar „XK 120 Mk IV" genannt. Trotz der Ähnlichkeit wies der XK 140 jedoch einige technische Besonderheiten auf, und die drei Karosserievarianten unterschieden sich deutlicher voneinander als beim XK 120. Da man den Motor um knapp 75 mm nach vorne versetzt hatte, konnte man den Innenraum um denselben Betrag verlängern. Die Karosserie war eine Mischung aus Stahlblech- und Aluminiumteilen geblieben, und erst im Oktober 1956 erhielten Cabriolet und Coupé Stahlblechtüren mit Holzrahmen.

Die einschneidendsten Veränderungen betrafen die Kehrseite des XK 140. Dort reichte der Kofferraumdeckel nicht mehr bis an die Karosserieunterkante, sondern nur noch bis an eine ca. 150 mm breite Heckschürze, hinter der sich eine Reserveradwanne verbarg. Die im Kofferraum durch einen klappbaren Sperrholzboden abgedeckte Wanne war an ihrer Vorderseite durch ein eingeschraubtes, bogenförmiges Blech verschlossen. Dieses Blechteil und der Reserveradhalter waren schwarz, der Rest der Wanne fahrzeugfarben lackiert. Über die Farbe der Deckelhaltestrebe sind sich die Experten uneins: Fahrzeugfarben oder grau, das ist die Frage.

Das Kofferraumdeckelschloß arbeitete nun nicht mehr mit einem einfachen Riegel, der beim XK 120 in einen Schlitz an der Karosserieunterkante eingriff, sondern mit zwei seilzugbetätig-

vorherige Seite

Mit den XK-140-Modellen Cabriolet (hier abgebildet), Coupé und Roadster war das XK-Thema ein Stückchen weiterentwickelt worden.

ganz oben

Der ausgereifte, kultivierte XK 140 hatte zwar die klassische XK- Linie behalten, wenn auch für manche der hinzugefügte Chromzierrat einen Rückschritt darstellte. Dieses Cabriolet gehört Barrie Williams.

kleines Bild Mitte

Wagen mit Scheibenrädern wurden nach wie vor mit „Spats" in den Hinterradausschnitten ausgeliefert. Das geöffnete Verdeck wurde wie beim XK 120 Cabriolet unter einer sauber verarbeiteten Staubhülle verstaut.

unten

Obwohl viele Enthusiasten den XK 140 als „Softie" schmähen, findet das Modell doch großen Anklang bei denjenigen, die ihren Klassiker nicht nur putzen, sondern auch fahren möchten.

oben
Das XK 140 Coupé hatte sich zu einem erstaunlich komfortablen Reisewagen entwickelt und verwöhnte seine Insassen mit einem geräumigen Interieur und einer luxuriösen Ausstattung. Dieses Exemplar gehört John Ruff.

links
Aus diesem Blickwinkel erkennt man das längere Dach und das größere Heckfenster, das viel zur besseren Rundumsicht des XK 140 Coupés beitrug.

nachstehende Seite
Der Roadster, oder „Open Two Seater“, komplettierte das XK-140- Trio. Der bis auf die zusätzlichen Chromteile optisch nahezu unveränderte Wagen profitierte von den Segnungen der Zahnstangenlenkung oder den Teleskopstoßdämpfern an der Hinterachse, wie auch von dem um 75 mm nach vorne gerückten Triebwerk. Dieser rote Renner gehört Alan Minchin.

ten Sternrädern in den unteren Ecken des Deckels, die in zwei am Kofferraumboden eingelassene Bügel einrasteten. Der Kennzeichenträger wurde am Heckschürzenblech unter dem Kofferraumdeckel angeschraubt – mit dazwischengelegtem fahrzeugfarbenem PVC-Kederband selbstverständlich.

Da das Cabriolet zwei (äußerst kleine) zusätzliche Rücksitze erhalten hatte, mußten die beiden Halter für die zwei 6-Volt-Batterien in der Innenraumrückwand weichen. Stattdessen wurde eine einzelne 12-Volt-Batterie verwendet, die in einem Fach im linken, vorderen Kotflügel untergebracht und vom Motorraum aus durch eine Klappe zugänglich war, die durch zwei Flügelschrauben gehalten wurde. Der Spalt zwischen vorderer Stoßstange und Karosserie wurde von zwei eingesetzten, waagerechten Blenden mit fahrzeugfarbenem PVC-Kederband nahtlos überbrückt.

Beim Coupé hatte man sich deutlich mehr Arbeit gemacht. So war die Motorspritzwand links und rechts vom Motor weit nach vorne gezogen worden, die Fußräume ragten also weit in den Motorraum hinein. Gleichzeitig hatte man die Windschutzscheibe einige Zentimeter nach vorne gerückt, so daß das XK 140 Coupé längere Türen und kürzere Vorderkotflügel hatte als alle anderen XK-Modelle zuvor.

Der hintere Dachansatz war außerdem 165 mm nach hinten gerückt und die Dachlinie um knapp 40 mm angehoben worden, mit dem Erfolg, daß das Coupé nun mit einem überaus großzügigen Platzangebot aufwarten konnte. An der Innenraumrückwand wurden wie beim Cabriolet zwei zusätzliche „Notsitze" angebracht, weshalb die beiden 6-Volt-Batterien in zwei separate Batteriefächer in den Vorderkotflügel verbannt wurden. Die fahrzeugfarben lackierte Motorhauben-Haltestrebe, bislang an der Spritzwand befestigt, war bei diesem Modell an der Haube angelenkt.

Die Motorspritzwand des Roadsters war um 25 mm angehoben und ebenfalls etwas nach vorne versetzt worden. Die Scharnierkante der A-Säule verlief nun wie bei den XK 120 und XK 140 Coupés und Cabriolets im rechten Winkel zur Fahrzeuglängsachse, der obere Teil der Türvorderkante wies jedoch immer noch schräg nach hinten. Die Roadster-Version hatte keine zusätzlichen Sitze im Fond.

oben
Rechtsgelenkte XK 140 Roadster sind sehr selten: Nur 73 Exemplare wurden hergestellt, von denen gerade 47 in ihrer Heimat Großbritannien blieben. Heute werden Linkslenker aus den USA re-importiert und auf Rechtslenker umgebaut.

unten
Der XK 140 Roadster erfreute sich vor allem in den USA größter Beliebtheit und verkaufte sich ungleich besser als seine Schwestermodelle.

nachstehende Seite, oben
Die mächtige Stoßstange beherrscht die Front des XK 140, ganz im Gegensatz zu den filigranen Stoßstangenhälften am XK 120.

nachstehende Seite, unten
Die hintere, zweigeteilte Stoßstange hatte dasselbe Profil wie die vordere und war ebenfalls mit riesigen Stoßstangenhörnern bewehrt.

ZIERTEILE

Die augenfälligste Veränderung gegenüber dem XK 120 bestand zweifellos in der Montage wuchtiger Chromstoßstangen mit knochenförmigem Profil und großen, verchromten Hörnern vorne und hinten. Die vordere Stoßstange umspannte die gesamte Wagenbreite, hinten flankierten zwei weit herumgezogene Eckstücke das Kennzeichen.

Der Kühlergrill war nun aus einem Stück gegossen und wirkte mit seinen sieben senkrechten Streben massiver als der des Vorgängermodells. An seiner Oberkante war ein emailliertes Emblem eingelassen, von dem aus sich eine breite Chromleiste bis zur Windschutzscheibe über die Motorhaube und, unterbrochen vom Innenraumausschnitt, über das sanft abfallende Heck zog. In der Mitte des Kofferraumdeckels befand sich ein zweites Emblem, darunter der Deckelgriff mit Druckknopf, ein weiteres Stück Zierleiste und schließlich der schwanenhalsförmige Halter für die kombinierte Kennzeichenbeleuchtung/Rückfahrleuchte. Die Scheinwerfer-Zierringe waren tiefer als die des XK 120 und sind folglich nicht austauschbar. Eine einfache Chromleiste schmückte die Oberkante des Kennzeichenträgers.

Chromleisten, Stoßstangen und -hörner, Embleme, Hebel-Türgriffe (wie beim XK 120 Coupé), „Schwanenhälse", Scheinwerfer-Zierringe und -leisten, Kennzeichenbeleuchtungen, Kühlergrills, Kennzeichen-Zierleisten, sowie alle Gummidichtungen sind heute als perfekte Reproduktionen erhältlich, lediglich die verchromte Windschutzscheiben-Einfassung muß bei Bedarf aufwendig (und teuer) von Hand angefertigt werden.

Der Kühlergrill der Jaguar-Mk-I-Limousine erinnert zwar stark an den des XK 140, ist jedoch nicht identisch. Beim XK 140 wurde das Emblem direkt auf eine glatte Fläche mit

links
Der aufwendig verlötete Kühlergrill des XK 120 war William Lyons wohl schlich teuer, und so erhielt der XK 140 einen Kühlergrill aus Leichtmetallguß.

kleines Bild oben
Das heute als Reproduktion erhältliche Haubenemblem des XK 140 war mit ein einzigen Zapfen auf der dafür vorgesehe Fläche an der Grilloberseite befestigt.

nachstehende Seite, oben
Alle XK-Modelle hatten diese charakteri schen, kurzen Chromleisten („Spears") i den Scheinwerfern. Sie waren für alle Modelle gleich und sind heute wieder erh lich. Die Windschutzscheiben von XK 1 und XK 140 Roadster waren identisch un sind untereinander austauschbar. Leider sind die gegossenen Pfosten heute oft arg zerfressen, und wenn sich die Pickel vor Neuverchromen nicht auspolieren lassen, kann man sich glücklicherweise nachgefe tigte Exemplare kaufen.

nachstehende Seite, ganz rechts
Obwohl der Tankeinfüllstutzen ursprün lich nur wegen des ausladenden Verdecks XK 120 Cabriolets so weit nach hinten gerückt war, wurde er für alle XK 140 a diesem Platz belassen.

nachstehende Seite, kleines Bild Mitte
Die Türgriffe des XK 140 Cabriolets stammten vom XK 120 Cabriolet, das XK 140 Coupé erhielt völlig neue Griffe

nachstehende Seite, kleines Bild unten
Während beim XK 120 die kombinierte Kennzeichen-/Rückfahrleuchte noch auf einem simplen Blechstreifen montiert w hatte man für den XK 140 einen wunder schönen „Schwanenhals" gegossen. Die komplette Leuchte war übrigens verchro auch das Gehäusehinterteil.

einem einzelnen Befestigungsloch gesetzt, beim Mk I ist das Emblem dagegen von hinten angebracht.

Bedingt durch das große Dach waren die Heck- und Seitenscheiben des XK 140 Coupé deutlich größer als beim XK 120 Coupé. Außerdem waren bei dieser Version bereits Türgriffe mit Druckknopf montiert, die später auch beim XK 150 verwendet wurden und daher problemlos zu beschaffen sind. Die Chromleisten entlang der Fensterrahmen sind zur Zeit leider nicht neu erhältlich.

Die Windschutzscheiben der Roadster-Versionen von XK 120 und XK 140 waren identisch und sind daher austauschbar.

oben
Auch die XK 140 verfügten über sogenannte „zugfreie Innenraumbelüftungen". Die heute erhältlichen Dichtungen für diese Fenster passen nicht immer exakt.

ganz links
Weder für XK 120 noch für XK 140 Cabriolet und Coupé sind zur Zeit neue Chromleisten für Windschutzscheibenrahmen und Motorhaube erhältlich.

links
Als der XK 140 vorgestellt wurde, hatte Jaguar bereits zum zweiten Mal die 24 Stunden von Le Mans gewonnen, was der Firma eine riesige Publicity bescherte!

nachstehende Seite
Der XK 140 wurde normalerweise mit diesen Scheinwerfern ausgeliefert, die heute von Lucas sogar wieder hergestellt werden.

BELEUCHTUNG

Die neuen Scheinwerfer des XK 140 unterschieden sich durch ein kleines, rundes Emblem mit einem „J" auf schwarzem Grund in der Streuscheibenmitte von denen des XK 120. Wie bereits bei seinem Vorgänger wurden auch beim XK 140 gemäß den Zulassungsvorschriften der einzelnen Exportländer verschiedene Scheinwerfertypen montiert.

Die meisten Exportmodelle erhielten separate Blinkerleuchten mit orangefarbenen Gläsern, die vorne an den Kotflügel-Vorderkanten montiert wurden. Am Heck kamen neue Rückleuchten zum Einsatz, die die Funktionen von Schluß-, Brems- und Blinkerleuchte in sich vereinigten. „Special Equipment"-Versionen wurden mit zwei auf den Blenden zwischen Stoßstange und Karosserie montierten Nebelscheinwerfern ausgerüstet.

Die Blinker des XK 140 wurden auch bei den Jaguar-Modellen Mk II und Mk VII/IX verwendet, die Rückleuchten bei manchen London-Taxis. Da die Blinkergläser außerdem beim D-Type, XK-SS, Triumph Spitfire Mk I, Austin Healey Sprite Mk I u. a. Verwendung fanden, herrscht an Leuchten und Zubehör heute wahrlich kein Mangel.

CHASSIS

Das Chassis des XK 140 unterschied sich in einigen Details von dem seines Vorgängers. So waren zum Beispiel die vorderen Ausfallenden der Rahmenlängsträger zur Stoßstangenaufnahme nicht mehr nach oben geknickt, sondern an ihren glatten Oberseiten durch eine eingeschweißte Traverse verbunden. Die Motorhalterungen waren 75 mm nach vorne versetzt worden und die hintere, rohrförmige Rahmenquerstrebe saß nicht mehr zwischen den Längsträgern, sondern eher darauf. Die Traverse davor wurde zur Aufnahme der neuen hinteren Teleskopstoßdämpfer abgeändert und die Längsträger im Bereich ihres Aufwärtsschwungs vor der Hinterachse mit Knotenblechen verstärkt. Der zentrale Querträger wurde bei Montage der Doppelrohr-Auspuffanlage mit zwei Durchführungslöchern versehen.

oben
Die kleinen Standleuchten an den Kotflügeloberkanten waren identisch mit denen des XK 120. Bei den Gehäusen handelte es sich um separate Blechformteile, die an die Kotflügel angeschweißt und an den Nähten verzinnt wurden. Diese Stelle spricht übrigens Bände über den Allgemeinzustand der Karosserie: Wenn sich hier Risse oder Blasen zeigen, ist es meistens mit dem Rest auch nicht mehr weit her.

unten
Der XK 140 hatte vorne separate Blinkerleuchten mit orangefarbenen Gläsern, die in manchen Exportländern (z.B. Frankreich) gegen weiße ausgetauscht werden mußten.

oben
Die hinteren Blinkerleuchten waren in die neuen Heckleuchteneinheiten integriert, die gemäß der britischen Zulassungsordnung vom Oktober 1956 sogar mit Rückstrahlern versehen wurden.

unten
Die Stahlscheibenräder waren beim XK 140 immer noch fahrzeugfarben lackiert, die Radkappen jedoch vollständig verchromt. Die Abbildung zeigt außerdem die gegen Aufpreis erhältlichen Felgenzierringe, die es heute wieder zu kaufen gibt.

VORDERRADAUFHÄNGUNG

Die verstärkten Torsionsstäbe aus den „Special Equipment"-Versionen des XK 120 wurden am XK 140 serienmäßig montiert. Die wichtigste Daten der Vorderachsgeometrie waren wie folgt: Nachlaufwinkel 1 1/2° bis 2°, Radsturz 1/2° bis 1° positiv, Spreizung 5°, Vorspur 0 bis 3 mm.

Ansonsten blieb die Vorderradaufhängung unverändert. Radlager, Aufhängungsbuchsen, Kugelgelenke und Stoßdämpfer (Spax oder Koni) sind problemlos erhältlich.

HINTERRADAUFHÄNGUNG

Die bislang verwendeten Hebelstoßdämpfer wurden durch Teleskopstoßdämpfer von Girling, Teile-Nr. CDR.7/1ONF ersetzt. Heute sind Ersatzstoßdämpfer von Koni oder Spax erhältlich, ebenso die zur Montage erforderlichen Gummibuchsen.

BREMSEN

Der noch während der XK-120-Produktionszeit eingeführte Tandem-Hauptbremszylinder wurde für den XK 140 wieder gegen die alte, einfache Ausführung ausgetauscht. Radbremszylinder, Hauptbremszylinder, Bremsleitungen, Handbremsseile und Bremsbeläge sind heute noch erhältlich.

LENKUNG

Mit der Einführung einer Zahnstangenlenkung von Alford & Alder hatte der XK 140 einen großen Schritt nach vorne getan. Das Lenkgetriebe war vor dem Motor quer über den beiden Längsträgern montiert, wobei zwei zwischen Metallscheiben einvulkanisierte Gummiblöcke auftretende Vibrationen absorbierten. Da die Motorspritzwand etwas höher geworden war, konnte man auch das Lenkrad geringfügig höher montieren und durch die Verwendung eines Kreuzgelenks auch eine Idee steiler anstellen. Das Lenkrad selbst war im Durchmesser um knapp 25 mm kleiner als das des XK 120 und wurde später auch für den XK 150 übernommen. Lenkräder, Lenkgetriebe-Aufnahmen und Gummilager werden heute nachgefertigt.

RÄDER

Die Radkappen des XK 140 waren vollständig verchromt, ohne fahrzeugfarben überlackierte Flächen. Speichenräder gab es immer noch gegen Aufpreis, ebenso Felgenzierringe für Scheibenräder. Obwohl in der Ersatzteilliste nur verchromte Speichenräder aufgeführt waren, gab es sie auch in Wagenfarbe lackiert.

REIFEN

Es gab Dunlop-Weißwandreifen gegen Aufpreis, ansonsten hatte sich gegenüber dem XK 120 nichts verändert.

INNENAUSSTATTUNG

Durch das Versetzen der Motorspritzwand nach vorne ließen sich die Sitze um zusätzliche 75 mm verschieben. Im Gegensatz zu den verschiedenen Variationen beim XK 120 hatten die Sitze des XK 140 ausnahmslos 9 durch Steppnähte getrennte Polsterstreifen und waren immer einfarbig gepolstert, sofern man nicht eine spezielle Farbkombination bestellt hatte. Die Trennwand zwischen Innen- und Kofferraum ließ sich zum Transport längerer Gegenstände wie zum Beispiel Golfschlägern herunterklappen. An der Oberseite der hölzernen Türfurniere befanden sich (wie bei XK 120 Coupé und Cabriolet) verchromte Griffleisten, entriegelt wurde die Tür über einen verchromten Schieber. Beide Beschläge sind heute wieder erhältlich.

Das Cabriolet verfügte über zwei kleine „Notsitze“ im Fond - eigentlich ziemlich lieblos gemachte Sitzkissen, die einfach auf die Stufe im Innenraumboden vor der Hinterachse gelegt wurden, sowie zwei dünne Lehnenpolster zwischen Radhäusern und Differentialtunnel. Da dieser Tunnel leicht außermittig saß, waren auch die Sitz- und Lehnenpolster verschieden groß. Die Sitzflächen waren aus Leder, die Seiten- und Rückenteile mit Teppich bezogen. Die Auflageflächen der Kissen darunter und dahinter waren mit Hardura ausgekleidet, Radkä-

oben
Die Innenausstattung aller drei XK-140-Versionen folgte in Ausführung und Stil denen der Vorgängermodelle. So wurde auch bei dem hier abgebildeten Cabriolet nicht mit Walnußholz gespart.

nachstehende Seite
Die Sitze der drei XK-140-Versionen hatten im Gegensatz zum XK 120 immer neun durch Steppnähte abgetrennte Polsterstreifen. Alle Griffe und Beschläge sind noch oder wieder erhältlich.

links
Die Türverkleidungen waren nach wie vor schlicht gehalten. Der Türöffner war als verchromter Schieber unter das vordere Dreiecksfenster gerückt.

oben links
Beim XK 140 wurde wieder ein konventioneller Handbremshebel mit kleinem Druckknopf eingebaut.

oben rechts
Neu beim XK 140 waren die kleinen Rücksitze, auf denen zwei kleine Kinder (bzw. zwei Erwachsene ohne Beine) Platz fanden. Man hatte dem jungen Familienvater also noch eine Galgenfrist eingeräumt.

Mitte
Drei Schnappverschlüsse hielten das geschlossene Verdeck an der Schließleiste. Sie sind wie ihre Gegenstücke heute noch erhältlich, nicht jedoch die Chromleisten an der Verdeckkante.

links
Das geöffnete Verdeck wurde mit zwei langen Sturmhaken niedergezurrt, die mittlerweile wieder nachgefertigt werden.

nachstehende Seite
Wie man aus dieser Aufnahme ersehen kann, war es von Vorteil, wenn auch die Kinder keine Beine hatten! In der Praxis konnte ein Erwachsener über kurze Strecken quersitzend mitgenommen werden.

links
Der Kofferraumdeckel war innen mit Kunstleder bezogen und trug in der Mitte eine kleine Gepäckraumleuchte. Die Haltestrebe wurde in die links im Bild erkennbare Klammer gedrückt, wobei die große Blechscheibe darunter den Kunstlederbezug vor Beschädigung oder Verschmutzung schützte.

unten
Der Kofferraumdeckel reichte nicht wie beim XK 120 bis an die Karosserieunterkante, sondern nur bis an die Heckschürze, an der der Kennzeichenträger (durch einen PVC-Keder isoliert) montiert war. Der Kofferraumboden war mit einer Hardura-Matte ausgelegt.

nachstehende Seite
Der hölzerne Kofferraumboden ließ sich aufklappen und wurde von einem kleinen Lederriemen am Kofferraumdeckel offengehalten. An der Bodenunterseite waren der Wagenheber, die Ratsche (mit zwei Schellen vom Typ Terry's 1162), der Radmutternschlüssel (vier Terry's 80/0) und eine kleine Fettpresse (zwei Terry's 1195/1) befestigt.

sten, Differentialtunnel und Kofferraumklappe mit Teppich bezogen.

Die Verdeckschließleiste an der Windschutzscheiben-Oberkante war von innen mit Verdeckhimmelstoff beklebt. Auf dem Armaturenbrett war ein verstellbarer Rückspiegel stehend montiert, der wieder originalgetreu nachgefertigt wird. Das zusammengefaltete Verdeck wurde von langen, verchromten Spannbügeln, die an den Radkästen verankert waren, in Position gehalten. Den Kofferraumboden legte man mit einer schwarz genoppten Hardura-Matte aus, ebenso Seiten- und Rückwände. Der Kofferraumdeckel war innen wieder mit Kunstleder bezogen. Original strukturiertes Hardura ist jedoch heute nicht mehr zu bekommen.

Der Coupé-Innenraum wurde weitgehend nach Cabriolet-Muster gestaltet, lediglich die Schenkelauflagen der hinteren Sitze lappten über die Stufe im Boden. Einige wenige frühe Exemplare des XK 140 Coupés hatten außerdem sehr hohe Notsitz-Rückenlehnen, die bis fast an die Hutablage reichten. An der Windschutzscheiben-Oberkante waren grüne Plexiglas-Sonnenblenden montiert.

Die Roadster-Sitze profitierten zwar von der verbesserten Verstellmöglichkeit, doch hatte man dafür auf die zusätzlichen Sitzgelegenheiten verzichtet und den Stauraum hinter den Vordersitzen mit Hardura verkleidet.

vorherige Seite, oben
Das Interieur des XK 140 Coupés unterschied sich kaum von dem des Vorgängermodells, mit Ausnahme der weit nach vorne gezogenen Fußräume. Der Blinkerschalter an der Instrumententafel ist nicht original, ebensowenig Tachometer und Drehzahlmesser.

vorherige Seite, unten
Das Coupé hatte auch „Pygmäensitze" und eine klappbare Kofferraum-Rückwand erhalten. Die größeren Glasflächen unterstrichen den geräumigen Gesamteindruck des Innenraums, der das XK 140 Coupé zum bislang wohl praktischsten XK-Modell machte.

oben
Die Unterschiede zwischen den Roadster-Versionen von XK 120 und XK 140 fielen denkbar klein aus, wie dieses Foto zeigt. Lediglich die seitlichen Kanten der Instrumententafel waren beim XK 140 leicht abgerundet. Obwohl man die Sitze in jeder gewünschten Farbzusammenstellung bestellen konnte, blieben solche Kontraste wohl eher die Ausnahme.

unten
Lassen Sie sich auch auf diesem Bild nicht von den roten Biesen irritieren, ebensowenig von der zu kurzen „Reißleine", die eigentlich so lang wie die des XK 120 sein müßte. Bemerkenswert (und bei diesem Fahrzeug absolut korrekt) ist, daß man beim unteren Teil der Tür, der beim Schließen am Türschweller anliegt, auf jedwede Verkleidung verzichtet hat.

ELEKTRISCHE ANLAGE

Der Hupenknopf in der Lenkradnabe war flach wie jener der späten XK-120-Modelle; der Zündverteiler wurde mit einem Entstörwiderstand versehen. Es gab zwei verschiedene Sicherungskästen, einen für die offenen Typen und einen für die geschlossene Version.

Die meisten Elektrik-Bauteile lassen sich überholen, und die Sicherungskästen gibt es neu zu kaufen.

GETRIEBE

Gegen Aufpreis gab es für alle XK 140 einen Laycock-de-Normanville-Overdrive, für Cabriolet und Coupé gegen Ende der Baureihe außerdem eine Borg-Warner-Getriebeautomatik.

ARMATURENBRETT UND INSTRUMENTE

Vom XK 120 unterschied sich das XK-140-Armaturenbrett nur in Details. Der Blinkerschalter befand sich in der Mitte der Instrumententafel-Oberkante, beim Cabriolet wurde die Innenraumbeleuchtung über einen Schalter im Armaturenbrett betätigt. Werksseitig montierte Nebelscheinwerfer ließen sich über eine zusätzliche Lichtschalterstellung einschalten (wegen des geänderten Lichtschalters erhielt übrigens die komplette Instrumententafel eine andere Ersatzteilnummer). Der gegen Aufpreis erhältliche Overdrive wurde über einen kleinen, von innen beleuchteten Knopf direkt neben der Lenksäule zugeschaltet.

Der rote Bereich im Drehzahlmesser begann beim XK 140 bei 5500 U/min (300 U/min später), ansonsten waren alle Instrumente mit denen des XK 120 identisch.

Cabriolet und Coupé hatten ein edles Walnußholz-Armaturenbrett, der Roadster traditionell ein mit Leder bezogenes, wobei die Instrumententafel nicht wie im XK 120 geneigt, sondern genau senkrecht montiert war und abgerundete Seitenkanten hatte. Bei rechtsgelenkten Roadstern saß der Blinkerschalter rechts neben der Lenksäule.

MOTOR

Die leistungsgesteigerte „Special Equipment"-Ausführung des XK 120 mit 180/190 PS wurde beim XK 140 serienmäßig eingebaut. Im grün lackierten Zylinderkopf drehten sich die ehemaligen Sportnockenwellen mit 9,525 mm Ventilhub. Auf Wunsch gab es jedoch auch den neuen C-Type-Zylinderkopf, der dem Triebwerk stolze 210 PS entlockte. Dieser Zylinderkopf war stets rot lackiert und wurde schon bald nach seiner Einführung mit kleinen roten Emblemen auf den Nockenwellendeckeln versehen – frühe XK 140 mit C-Type-Kopf hatten diese Embleme noch nicht.

vorherige Seite
Das Armaturenbrett des XK 140 unterschied sich nur in Details von dem des XK 120. So waren die seitlichen Kanten der Instrumententafel abgerundet, der rote Bereich im Drehzahlmesser begann 300 U/min später und an der Oberkante waren nun zwei bronzefarbene Aschenbecher eingelassen. Über den Drehschalter unter dem Rückspiegel wurden die Blinker betätigt; die kleine Schublade am unteren Rand konnte zum Einbau eines Radios herausgenommen werden.

oben
Die einzigen Kritikpunkte, die uns hier in den Sinn kamen, betreffen die Zündspule, die eigentlich einen Lucas-Aufkleber tragen müßte (und so mittlerweile wieder hergestellt wird), und den oberen Kühlwasserschlauch, der original mit Stoff bezogen war.

links
Motorraum und Motorhauben-Innenseite waren beim XK 140 in Wagenfarbe lackiert. Bei dem hier abgebildeten Wagen stimmt fast alles bis ins Detail!

rechts
Auf dieser Aufnahme sieht man sehr gut die emaillierten Auspuffkrümmer. Der Restaurator hat sich bei seiner Arbeit lobenswerterweise zurückgehalten und ist nicht über das Ziel hinausgeschossen. Für einen echten Enthusiasten gibt es wohl nichts schlimmeres als einen mit nachträglich verchromten Teilen „aufgewerteten" Motorraum.

oben

Dieser Roadster verfügt noch über den alten Kühler mit glattem Wasserkasten, hat aber bereits die moderneren „Pancake"- Luftfilter. Die Zündkabel wurden über den rechten Nockenwellendeckel gelegt und an dieser Stelle von einem verchromten Ring zusammengehalten. Das abgebildete Triebwerk hat den begehrten C-Type-Zylinderkopf, der stets rot lackiert war und in seiner späteren Ausführung mit roten Emblemen verziert wurde. Angeblich wurde dieser Sport-Zylinderkopf nur deshalb für den Einbau in normale Personenwagen freigegeben, weil jemand für die Handvoll Rennwagen aus Versehen 1000 Gußrohlinge bestellt hatte!

unten

Der später verwendete Kühler hatte einen verrippten Wasserkasten. Der Tankdeckel auf dieser Abbildung ist jedoch nicht original.

VERGASER

Normale XK 140 wurden wie die letzten XK 120 mit zwei SU-H6-Vergasern mit 1 3/4 Zoll Durchlaß bestückt. XK 140 mit dem Standard-Zylinderkopf hatten einen großen, runden Luftfilterkasten von AC Delco (Teile-Nr. 7222695), der über einen kunstvoll gegossenen Aluminiumkrümmer mit den Vergasern verbunden war. Roadster und Cabriolet mit C-Type-Zylinderkopf und 1 3/4-Zoll-Vergaseranlage wurden mit zwei kleinen „Pancake"-Luftfiltern von AC Delco (Teile-Nr. 1579565) ausgerüstet. XK-140-Modelle mit C-Type-Kopf und 2-Zoll-Vergasern erhielten andere, vermutlich ebenfalls „Pancake"-Luftfilter (Teile-Nr. 1572943).

KÜHLSYSTEM

Der XK 140 hatte einen neuen Kühler erhalten, der schräg eingebaut wurde, um nicht mit dem quer vor dem Motor liegenden Zahnstangen-Lenkgetriebe zu kollidieren. Insgesamt vier verschiedene Kühlerausführungen wurden zu verschiedenen Zeiten montiert, und im Gegensatz zu den hier abgebildeten Kühlern hatten die frühen Exemplare einen flachen oberen Wasserkasten und ein eher rechteckiges Wabenmuster. Außerdem stützten sich die früheren Kühler über zwei Streben am Chassis ab, die späteren dagegen an den Radhäusern. Unter einer Luftleithaube drehte sich ein achtblättriges Lüfterrad aus Metall.

Alle Schläuche sind noch erhältlich, und leckende Kühler können mit neuen Kühlnetzen überholt werden.

AUSPUFFANLAGE

Die Standardausführungen waren mit einer Einrohranlage ausgerüstet, deren Endrohr links unter dem hinteren Kennzeichen ins Freie ragte. Die „Special Equipment"-Versionen verfügten über eine Doppelrohr-Auspuffanlage, die durch zwei Löcher in der mittleren Rahmentraverse geführt wurde und in zwei 200 mm langen, verchromten Endrohren unter den hinteren Stoßstangenhörnern mündete.

Heute gibt es für alle XK 140 sowohl Original- als auch Edelstahl-Auspuffanlagen.

DETAILÄNDERUNGEN

Fahrgestellnummern beziehen sich auf RHD/LHD

Februar 1955

Ab Motor-Nr. G.1908
Rotor-Ölpumpe und Kurbelwellendichtring am vorderen Wellenstumpf eingeführt. Ölfiltereinheit mit Bypass-Ventil ausgestattet.

März 1955

Ab Fgst.-Nr. 800022/81193 (Roadster)
804031/814053 (Coupé)
807047/817268 (Cabriolet)
Bei Wagen mit 4,09:1 übersetzter Hinterachse und Overdrive wurde die zentrale Befestigungsmutter im Kardanwellenflansch am Differential mit flachen Sicherungsblechen versehen.

Juni 1955

Ab Motor-Nr.G.3250 (teilweise schon früher)
Bei „Special Equipment"-Versionen mit C-Type-Zylinderkopf, Standardvergasern und rundem Luftfilter Vergaser-Düsennadeln SL gegen WO2 ausgewechselt.

Ab Fgst.-Nr. 800031/811382 (Roadster)
804121/814216 (Coupé)
807113/817426 (Cabriolet)
Overdrive-Steuerstromkreis mit Relais versehen.

Alle Motoren: „Bei Wagen mit Stahlblech-Ölwannen sollte der Ölstand bei warmem Motor die Maximum-Markierung nicht überschreiten. Deshalb empfehlen wir, den Ölstand nur bei warmem Motor zu prüfen und gegebenenfalls Öl nachzufüllen, und nicht, wie bisher empfohlen, bei kaltem Motor."

Ab Fgst.-Nr. 800025/811284 (Roadster)
804080/814153 (Coupé)
807080/817356 (Cabriolet)
Neue Radbremszylinder hinten (Teile-Nr. 39677) montiert.

Ab Fgst.-Nr. 804020/814035 (Coupé)
Kühler C.7523, Halterung C.8830 und Lüfterrad mit 406 mm Durchmesser (vorher 394 mm) montiert.

Ab Fgst.-Nr. 800037/811424 (Roadster)
804124/814241 (Coupé)
807128/817460 (Cabriolet)
Kühler C.9619, Halterung C.8830 montiert.

September 1955

Ab Motor-Nr. G.4431 (sowie 4411 bis 4420)
Unterer Steuerkettenspanner (Weller-Schiene) durch federbelasteten Renold-Steuerkettenspanner (C.10332) ersetzt. Dämpfereinheit (C.10290) aus Nylon-Material an der Stelle montiert, wo vorher die Führung der Weller-Schiene befestigt war. Motorblock mit Ölbohrung zur Kettenschmierung durch den Spanner versehen.

Ab Fgst.-Nr. 800052/811562 (Roadster)
804308/814532 (Coupé)
807237/817653 (Cabriolet)
Nachlaufwinkel von $2\frac{1}{2}°$ – 3° auf $1\frac{1}{2}°$ – 2° verkürzt, um das Rückstellmoment in der Lenkung zu reduzieren.

Dezember 1955

Ab Motor-Nr. G.5789
Modifizierter Zylinderkopf mit kürzeren Sackbohrungen zur Aufnahme der Ansaugkrümmer-Stehbolzen.

Ab Motor-Nr. G.6233
Neuer Ölfilter, erkennbar am untenliegenden Schraubenkopf.

Kennzeichnung von 5½K-Stahlscheibenrädern nicht länger durch zwei Vertiefungen neben der Ventilöffnung, sondern durch „5½K"- Prägestempel in der Felge.

Ab Fgst.-Nr. 800062/811866 (Roadster)
804523/815252 (Coupé)
807319/818393 (Cabriolet)
Overdrive-Versionen mit Drosselklappenschalter ausgestattet. Zwei Relais eingebaut und Kabelbaum abgeändert.

April 1956

Ab Motor-Nr. G.7229
Kolben mit neuen Kompressionsringen (Minutenringe) und Ölabstreifringen versehen.

Ab Fgst.-Nr. 800071/812311 (Roadster mit Standardgetriebe)
804676/815528 (Coupé)
807389/818488 (Cabriolet)
Haltebolzen des Hinterachsantriebs im Differentialgehäuse von 3/8 Zoll (9,5 mm) auf 7/16 Zoll (11 mm) verstärkt.

September 1956

Ab Fgst.-Nr. 800072/812647 (Roadster)
804767/815755 (Coupé)
807441/818729 (Cabriolet)
Neuer Handbremshebel eingeführt.

Oktober 1956

Ab Fgst.-Nr. 804781/815773 (Coupé)
807447/818796 (Cabriolet)
Stahltüren mit Holzrahmen eingeführt.

Februar 1957

Zylinderkopfdichtung aus Stahlblech (C.7891), statt Klingerit (C.2250) oder Kupfer-Nickel-Blech (C.3335).

Januar 1958

Bremskraftverstärker als Nachrüstsatz erhältlich.

„SPECIAL EQUIPMENT"-VERSIONEN

Speichenräder mit kerbverzahnten Naben und Zentralmuttern
Zwei Lucas-Nebelscheinwerfer Typ FT 576

SONDERZUBEHÖR

Folgende Zubehörteile waren gegen Aufpreis erhältlich:

Scheibenwaschanlage (passend für Roadster und Cabriolet)
Scheibenwaschanlage (passend für Coupé)
Scheibenwaschbetätigung zur Montage in der Instrumententafel
Anschlußnippel für Scheibenwasch-Unterdruckleitung am Ansaugkrümmer
Speichenräder (verchromt)
Reifen (Dunlop Racing 6.00 x 16")
Passende Schläuche dazu
Reifen (Dunlop Weißwand)
Felgenzierringe
Radkappen-Montiereisen
Gepäckbrücke zur Montage auf dem Kofferraumdeckel
Nebelleuchten (Lucas 55128/B-SFT.576)(alle Länder außer Frankreich)
Nebelleuchten (Lucas 55133/B-SFT.576)(für den französischen Markt)
Nebelleuchten-Montagesatz
Lichtschalter mit zusätzlicher Stellung für Nebelscheinwerfer (ersetzt Standard-Lichtschalter in der Instrumententafel)
Laycock-de-Normanville-Overdrive
Borg-Warner-Getriebeautomatik (späte Modelle)

LACK- UND FARBKOMBINATIONEN

KAROSSERIE	INNENAUSSTATTUNG			VERDECK	
	ROADSTER	COUPÉ	CABRIOLET	ROADSTER	CABRIOLET
Schwarz	Rot Zweifarbig Biskuit/Rot	Rot Hellbraun Grau Biskuit	Rot Hellbraun Grau Biskuit	Schwarz	Schwarz Sandfarben
Birkengrau	Rot Zweifarbig Biskuit/Rot	Rot Blau Grau	Rot Grau Hellblau	Französischgrau Schwarz	Französischgrau Schwarz
Pastellgrün	Veloursgrün	Veloursgrün	Veloursgrün Grau	Beige Schwarz	Beige Schwarz
Perlgrau	Rot Blau Grau	Rot Blau Grau	Rot Blau Grau	Blau Schwarz Französischgrau	Blau Schwarz Französischgrau
Pazifikblau	Blau Grau	Blau Grau	Blau Grau	Blau Schwarz	Blau Schwarz
British Racing Green	Hellbraun Veloursgrün	Hellbraun Veloursgrün	Hellbraun Veloursgrün	Waffengrau Schwarz	Waffengrau Schwarz
Taubengrau	Hellbraun Biskuit	Hellbraun Biskuit	Hellbraun Biskuit	Beige Sand Schwarz	Beige Sandfarben Schwarz
Veloursgrün	Veloursgrün	Veloursgrün	Veloursgrün	Französischgrau Schwarz	Französischgrau Schwarz
Rot	Rot Zweifarbig Biskuit/Rot	Rot	Rot	Beige Schwarz	Beige Schwarz
Lavendelgrau	Rot Veloursgrün Hellblau	Rot Veloursgrün	Rot Veloursgrün Hellblau	Beige Schwarz	Beige Schwarz
Schlachtschiffgrau	Rot Zweifarbig Biskuit/Rot	Rot Grau	Rot Grau Biskuit	Waffengrau Schwarz	Waffengrau Schwarz
Creme	Rot Zweifarbig Biskuit/Rot	Rot	Rot Hellblau	Beige Schwarz Blau	Beige Schwarz Blau
Pastellblau	Zweifarbig Hellblau/Dunkelblau Blau	Hellblau	Hellblau	Französischgrau Schwarz Blau	Französischgrau Schwarz Blau
Kastanienbraun	Rot Biskuit	Rot Biskuit	Rot Biskuit	Schwarz Sandfarben	Schwarz Sandfarben

FAHRGESTELLNUMMERN

Ausführung	Bauzeitraum	Fahrgestellnummern	
		RHD	LHD
Roadster (OTS)	1954-1957	800001	810001
Coupé (FHC)	1954-1957	804001	814001
Cabriolet (DHC)	1954-1957	807001	817001

Ein „A“ vor der Fahrgestellnummer steht für „Special Equipment“, ein „S“ für ein „Special Equipment“-Modell mit C-Type- Zylinderkopf. Ein „DN“ vor der Fahrgestellnummer steht für „Overdrive“.

Motornummern begannen mit G.1001, der Zusatz /7, /8 oder /9 bezeichnet das Vedichtungsverhältnis.

In den USA wurde der XK 140 SE („Special Equipment“) als XK 140 M bezeichnet, der XK 140 SE mit C-Type-Kopf als XK 140 MC.

XK 150

KAROSSERIE

Obwohl sich die XK-150-Karosserie im Aufbau nicht von der des XK 140 unterschied, waren so gut wie keine Karosseriebleche unter diesen Modellen austauschbar.

Die augenfälligste Veränderung betraf die Kotflügellinie. Während sie bei den Vorgängermodellen XK 120 und XK 140 im Bereich der B-Säule noch einen ausgeprägten „Hüftknick“ beschrieben hatte, verlief sie beim XK 150 in einem sanften Schwung über Vorder- und Hinterradausschnitt. Die Motorhaube saß nicht mehr auf einer hochgewölbten Sicke, sondern schloß sich, durch einen eingesetzten Blechstreifen um 100 mm verbreitert, in ihrer Kontur nahtlos an die Kotflügel an.

Durch dünnere Türen war die nutzbare Innenraumbreite enorm gewachsen. Bedingt durch die neuen Stoßstangen war der hintere Kennzeichenträger in die Kofferraumhaube integriert worden. Dieser Träger ragte bei den ersten XK 150 noch weit aus der Fläche der Haube hervor, das heißt, das Kennzeichen stand senkrechter als bei den später entstandenen Exemplaren, was auf die amerikanischen Zulassungsbestimmungen zurückzuführen war. Der Kennzeichenträger war ein separates Blechteil, das in die Haube eingeschweißt und an den Nähten mit Lot ausgeschwemmt wurde.

Bei den ersten XK 150 wurde der Kofferraumdeckel noch

vorherige Seite
Der XK 150 ist an der begradigten Kotflügellinie schon von weitem von seinen Vorgängern zu unterscheiden.

oben
Nicht zuletzt durch die einteilige Windschutzscheibe wirkte der XK 150 moderner als die anderen XK-Modelle. Die breitere Motorhaube erleichterte den Zugang zum Motorraum, und wenn damit auch die Verhältnisse noch längst nicht ideal waren, hörte man den verzweifelten Ausruf geplagter Mechaniker „Ich würde es ja reparieren, wenn ich es nur finden könnte" von nun an seltener.

unten
Chris Fletchers XK 150 Coupé, ein bemerkenswert originales Exemplar.

oben
Es war offensichtlich, daß der XK 150 am Ende der fünfziger Jahre nicht mehr ganz zeitgemäß war, schließlich war die XK-Reihe schon gute zehn Jahre alt.

Mitte
Als letzter Vertreter des ursprünglichen XK-Konzepts war der XK 150 sicherlich der ausgereifteste. Er stellte zudem einen Schritt in der mit dem XK 140 begonnenen Entwicklung zu mehr Komfort dar.

unten
Mit seinem separaten Rahmen und der starren Hinterachse hinkte der XK 150 zwar konzeptionell hinterher, glänzte aber durch überlegene Fahrleistungen. Ein echtes Plus war daher die Scheibenbremsanlage.

nachstehende Seite, oben
Das Cabriolet wurde zusammen mit dem Coupé im Mai 1957 präsentiert. Im ersten Produktionsjahr blieb jedoch von nur 160 exportierten Cabriolets lediglich ein einziges auf der Insel. Das abgebildete Fahrzeug gehört John Schofield.

nachstehende Seite, unten links
Im Hinblick auf die Verkaufszahlen stand das XK 150 Cabriolet immer im Schatten des Coupés. Ein hoher Prozentsatz, um die 75 %, ging in den Export.

nachstehende Seite, unten rechts
Während der relativ kurzen Bauzeit des XK 150 erlebte das XK-Triebwerk einen ungeheuren Entwicklungsschub. Die kurz vor Ende der Bauzeit vorgestellte 3,8 Liter-Variante mit Dreifach-Vergaseranlage war ohne Zweifel bereits für eine neue, aufregende Sportwagengeneration gedacht.

WNC
204

WNC
204

durch ein Rohrstück offengehalten, danach kam wie zuvor eine simple Strebe zum Einsatz, und gegen Ende der Produktionszeit schließlich wurde der Deckel durch zwei starke Federn geöffnet. Dies geschah ziemlich vehement, und unachtsame Fahrer konnten von der nach oben schnellenden Haube leicht einen kräftigen Schlag unters Kinn bekommen!

Die einzigen Blechteile, die vom XK 140 übernommen wurden, waren die Kofferraum-Innenwände, die Reserveradwanne, die Heckschürze, die hintere Innenraumwand mit den Rücksitzaufnahmen, sowie das Mittelstück des Innenraumbodens. Der mit Scharnieren versehene Kofferraum-Zwischenboden war an seiner Oberseite mit schwarz lackiertem Aluminiumblech beschlagen.

Beim Roadster war die Windschutzscheibenaufnahme um knapp 100 mm nach hinten versetzt worden, wodurch sich ein ausgeprägter Knick in der A-Säulenlinie ergab. Die Türen des Roadsters passen daher im Gegensatz zu den meisten anderen Karosserieteilen (die übrigens alle nachgefertigt werden) an kein anderes XK-150-Modell.

oben
Der Roadster wurde erst 10 Monate nach den beiden anderen XK-150-Versionen vorgestellt. In den Verkaufszahlen überflügelte er jedoch rasch seine Schwestermodelle.

kleines Bild Mitte
Wie die vorhergegangenen XK-Roadster war auch der XK 150 OTS ein reiner Zweisitzer. Die etwas altertümlich anmutenden Steckscheiben hatte man allerdings durch Kurbelfenster ersetzt.

unten links
Nur einige XK 150 Roadster blieben in Großbritannien, wo das Modell erst ab November 1958 zu kaufen war. Bis dahin waren nur ein Wagen in der Standard- und einer in der „S“-Version in britische Hände gegeben worden.

unten rechts
Die Kanten der Radausschnitte waren um einen Draht gebördelt und boten einen idealen Nistplatz für Straßenschmutz und Feuchtigkeit, weshalb viele Exemplare an diesen Stellen rasch durchrosteten.

nachstehende Seite
Die Windschutzscheibe des Roadsters war um knappe 100 mm nach hinten versetzt worden, um den für (fast) vier Sitze ausgelegten Innenraum etwas zu beschneiden. Das Deckblech zwischen Kofferraumdeckel und Innenraum wurde bis an die Sitzlehnen vorgezogen. Aus dieser Perspektive gut zu erkennen ist der aus der Verschiebung der Windschutzscheibe resultierende Knick in der A-Säulenlinie.

GB
409
AXT

ZIERTEILE

Die vordere Stoßstange wurde in der Mitte mit einer halbrunden Ausbuchtung für den Kühlergrill versehen; am Heck war eine durchgehende, weit um die Karosserieecken herumgezogene Stoßstange montiert. Anfangs hatte man die hinteren Stoßstangenhörner noch weit auseinanderliegend unter den Heckleuchten angesetzt, später jedoch weiter nach innen gerückt. Die breitere Motorhaube zierte ein breiterer Kühlergrill, dessen filigrane Streben an den XK 120 erinnerten.

Die rasch aus der Mode gekommene, zweigeteilte Windschutzscheibe hatte man durch eine durchgehende, stark gewölbte Scheibe mit verchromtem Rahmen ersetzt. Alle Karosserieversionen des XK 150 hatten Druckknopf-Türgriffe. Beim Coupé sorgte eine erneut vergrößerte Heckscheibe für ein zeitgemäßeres Aussehen und für bessere Rundumsicht.

Durch das versetzte Kennzeichen mußten sämtliche Zierteile am Kofferraumdeckel geändert werden. Eine hochstegige Zierleiste mit eingelassenem rundem Emblem erstreckte sich vom oberen Rand des Deckels bis zum Kofferraumdeckelgriff mit Druckknopf. Bei den ersten Exemplaren endete der Griffbügel noch vor dem verchromten Schirm der Kennzeichenbeleuchtung, später ruhte das mit einem Gummipuffer versehene Bügelende direkt auf dem Chromschirm, der Teil der verchromten Kennzeichenumrandung war.

Sämtliche Kofferraumdeckel-Zierteile sind unter den verschiedenen XK-150-Versionen austauschbar und wie die Coupé-Regenrinnen sowie die Chromleisten an Windschutzscheibe und Motorhaube im einschlägigen Fachhandel erhältlich. Das Motorhaubenemblem an der Kühlergrilloberkante und die dazugehörige Umrandung werden mittlerweile nachgefertigt. Der Kühlergrill ist übrigens fast identisch mit dem des

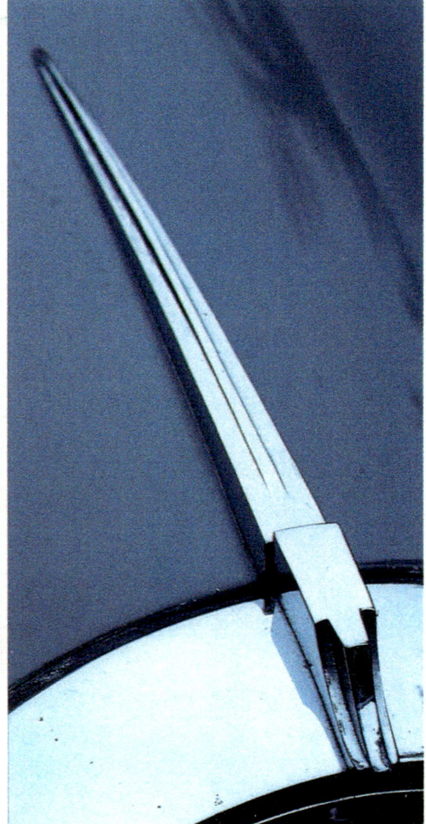

oben
Die XK-150-Front war in Form und Dimension den übrigen Jaguar-Modellen angeglichen worden. Der Kühlergrill war breiter und mit dünneren Streben versehen als zuvor, die wuchtige Stoßstange durch eine Mulde unter dem Grill geschickt in die Linie einbezogen.

unten links
Wie ihre Vorgängermodelle waren XK 150 Cabriolet und Coupé mit ausstellbaren Dreiecksfenstern ausgestattet. Die seitlichen Chromeinfassungen der Windschutzscheibe sind momentan leider nicht erhältlich.

unten rechts
Scheinwerferzierringe und Zierleisten stammen vom XK 140 und sind problemlos verfügbar.

nachstehende Seite
Die Motorhaube der XK-150-Modelle besitzt keine Fanglasche, verwindet sich jedoch bisweilen so stark, daß sie im ungünstigsten Fall aufspringen und Dach und Windschutzscheibe beschädigen kann. Genau dies geschah bei dem abgebildeten Wagen kurz nach der Entstehung dieser Aufnahmen. Es ist daher anzuraten (wenn auch alles andere als original), die Haube etwa durch einen Lederriemen zu sichern!

JAGUAR
XK 150

Jaguar Mk I 3.4 und nur durch die Fanglasche an der Unterseite von diesem zu unterscheiden.

Die „S"-Versionen waren an einem kleinen S-Emblem vorne an der Tür, direkt unter der Scheibe, zu erkennen. Diese für die linke und rechte Fahrzeugseite verschiedenen Embleme sind heute wieder erhältlich.

Das Cabrioletverdeck war mit zusätzlichen Chromleisten entlang der Fensterkante und im Bereich des Dachansatzes verziert, die heute sehr schwierig zu beschaffen sind. Die Türfensterrahmen unterscheiden sich von denen des Coupés, außerdem hatte das Cabriolet keine hinteren Seitenscheiben. Dem Roadster hatte man einfache Kurbelfenster ohne ausstellbare Dreiecksfenster spendiert.

oben
Obere und untere Chromleisten für die Windschutzscheibeneinfassung werden nachgefertigt, nicht jedoch die Motorhauben-Zierleiste.

nachstehende Seite, oben
Mit jedem neuen XK-Coupé war die Heckscheibe ein wenig größer geworden. Anstelle der beiden Stoßstangenhälften hatte der XK 150 ein durchgehendes, weit um die Ecken gezogenes Chromprofil. Kurioserweise war die Klappe über dem Tankeinfüllstutzen nun andersherum angeschlagen.

nachstehende Seite, unten links
Die Kennzeichenaufnahme des XK 150 war mit Rücksicht auf den amerikanischen Markt völlig neu gestaltet worden und erforderte die Montage eines fast quadratischen Kennzeichens.

nachstehende Seite, unten rechts
Zierleiste und Emblem, auf dem mittlerweile noch drei weitere Le-Mans-Siege vermerkt waren, unterschieden sich vom XK 140, werden heute jedoch wie alle Kofferraum-Zierteile nachgefertigt.

JAGUAR
WNC
204

JAGUAR
WINNER
LE MANS
1951 1953
1955
1956
1957
XK 150
JAGUAR
YSV

409 AXT

BELEUCHTUNG

Für alle XK-150-Versionen hatte man Scheinwerfer, Standleuchten und vordere Blinkerleuchten vom XK 140 übernommen. Die Heckleuchten waren zunächst ebenfalls unverändert übernommen worden, doch dann wurden größere Leuchteneinheiten mit abgesetzten Rückstrahlern und orangefarbenen Blinkerleuchten eingeführt. Kennzeichenbeleuchtung und Rückfahrleuchte waren zwar immer noch in einem gemeinsamen Gehäuse untergebracht, das sich aufgrund der veränderten Kennzeichenbefestigung jedoch grundlegend von den beiden vorhergegangenen Ausführungen unterschied. Wie seine Vorgänger wurde auch der XK 150 für bestimmte Exportländer besonders ausgerüstet. So waren bei für die Schweiz bestimmten Exemplaren die vorderen Blinkergläser weiß und als Standleuchten verkabelt, während die ursprünglichen Standleuchten als Blinker fungierten.

CHASSIS

Das XK-150-Chassis verfügte auf beiden Seiten über eine zusätzliche Karosserieaufnahme; die geschwungene Traverse zwischen den beiden Längsträgern vor dem Motor entfiel. Die Kraftstoffpumpe war an der Außenseite des rechten Längsträgers hinter dem Türschweller montiert.

VORDERRADAUFHÄNGUNG

Die Vorderradaufhängung des XK 150 war komplett und unverändert vom XK 140 übernommen worden.

vorherige Seite
Scheinwerfer und Standleuchten waren vom XK 140 übernommen worden. Zum ersten Mal gab es für die XK-Modelle gegen Aufpreis eine Jaguar-Kühlerfigur. Leider wird die springende Raubkatze oft als Haubengriff mißbraucht, so daß Zierleisten und Haubenblech um den Fuß der Figur bisweilen gerissen oder verbogen sind.

oben
Spätere Exemplare hatten größere Heckleuchten mit orangefarbenen Blinkergläsern und separaten Rückstrahlern. Die Stoßstangenhörner waren bei den ersten XK 150 noch weit auseinander angebracht.

unten links
Während der endlosen Diskussionen im Expertenkreis tauchte auch eine Frage auf, die die Gemüter immer wieder aufs Neue erhitzt: In welche Richtung werden die kleinen roten Leuchtecken montiert? Da schließlich unser aller Ruf und natürlich der dieses Buches auf dem Spiel stand, einigten wir uns auf die abgebildete Lösung.

unten rechts
Die beim XK 150 anfangs verwendeten, kombinierten Schluß-/Bremsleuchten mit integrierten Rückstrahlern stammten vom XK 140 und sind heute noch erhältlich.

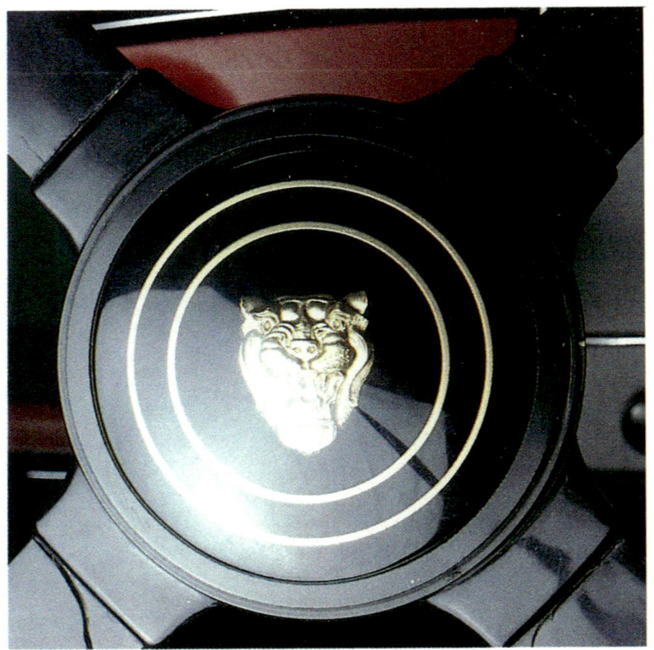

HINTERRADAUFHÄNGUNG

Die Hinterradaufhängung war ebenfalls unverändert aus dem XK 140 übernommen worden, jedoch verfügten die „S"-Versionen über Blattfedern mit neun statt sieben Lagen, die jedoch wie diese in mit Schmiernippeln versehene Hüllen eingenäht wurden.

LENKUNG

Lenkrad und Hupenknauf waren mit denen im XK 140 identisch. Lenkräder, Spurstangenköpfe, Lenkgetriebehalterungen, Gummilager und Gelenke sind problemlos erhältlich, Lenkgetriebe können überholt werden.

BREMSEN

Die Bremsanlage des XK 150 stellte einen riesigen Fortschritt dar, denn im Gegensatz zu seinen Vorgängermodellen wurde der Wagen nicht mehr über hoffnungslos überforderte Trommelbremsen verzögert, sondern über vier Scheibenbremsen, die in den Jaguar-Modellen C-Type und D-Type zur Serienreife entwickelt worden waren.

An jeder Bremsscheibe saß ein Bremssattel mit zwei runden Bremsklötzen, die über den durch einen Lockheed-Bremskraftverstärker unterstützen Hauptbremszylinder betätigt wurden. Der Bremskraftverstärker verfügte über einen eigenen Luftfilter und war über eine Unterdruckleitung mit dem Ansaugkrümmer verbunden. Unglücklicherweise war er an einer äußerst schlecht zugänglichen Stelle am linken Innenkotflügel montiert, so daß dem kleinen Luftfilter in den seltensten Fällen die Pflege zukam, die zum Aufbau der maximalen Bremskraftunterstützung notwendig gewesen wäre.

Die Handbremse funktionierte nach wie vor mechanisch und wirkte auf zwei zusätzliche, separat einstellbare Bremsbeläge in den hinteren Scheibenbremssätteln.

Im Mai 1959 wurden die Bremssättel für runde Bremsklötze durch neue, die die Verwendung quadratischer, einfacher und schneller auszuwechselnder Bremsklötze erlaubten, ersetzt. Viele Fahrzeuge dürften in der Folgezeit auf diese Bremssättel umgerüstet worden sein. Runde Bremsklötze gibt es zwar noch, doch handelt es sich dabei um Lagerbestände, die irgendwann erschöpft sein werden. Es bleibt fraglich, ob sie jemals nachgefertigt werden. Bremsleitungen, Bremssättel-Reparatursätze, Dichtungen, Hauptbremszylinder, Bremsklötze, Bremsscheiben und Handbremsseile der neueren Version sind jedenfalls problemlos erhältlich.

RÄDER

Die meisten XK 150 wurden als „Special Equipment"-Versionen mit Speichenrädern ausgeliefert, die ab Juni 1958 mit 60 (statt wie bisher 54) Speichen bestückt waren.

INNENAUSSTATTUNG

Durch die dünneren Türen konnten die Sitze des XK 150 etwas breiter gehalten werden, dünnere Sitzlehnen sorgten für mehr Kniefreiheit auf den hinteren Plätzen. Die hinteren Radhausverkleidungen waren normalerweise wie die Hutablage des Coupés mit Teppich belegt, wenngleich auch einige Cabriolets mit kunstlederbezogenen Radhäusern bekannt sind. Die hinteren „Notsitze" waren noch genauso schmal wie im XK 140.

Die Türverkleidungen waren mit langen Kartentaschen und, bei den frühen Exemplaren, mit massiven Armlehnen versehen. Ab Mai 1958 mußten diese jedoch auch die Funktion eines Zuziehgriffs übernehmen, weshalb sie einen Durchgriff erhielten. Die Türöffner ähnelten in Form und Funktion denen des XK 140, waren aber anders proportioniert. Manche Wagen waren mit Türaschenbechern unter den Armlehnen ausgestattet, doch saß der oft mit einem springenden Jaguar verzierte Aschenbecher normalerweise auf dem Getriebetunnel. Die Türverkleidungen mit Polsterrolle an der Oberkante waren eine Besonderheit des Roadsters.

An der Auslegeware für den Kofferraum hatte sich nichts geändert, lediglich die runden Aussparungen für den Deckelschließmechanismus waren mit breiteren Gummischeiben gesäumt.

vorherige Seite, links
Lenkrad und Hupenknauf wurden vom XK 140 übernommen; beide Teile sind heute noch erhältlich.

vorherige Seite, rechts
16-Zoll-Speichenräder gab es verchromt oder in Dunlop-Felgensilber lackiert gegen Aufpreis. Die meisten XK 150 wurden mit Speichenrädern ausgestattet; die wenigen Exemplare mit Stahlscheibenrädern verließen das Werk wie gewohnt mit „Spats" in den hinteren Radausschnitten.

oben
Um den „Hinterbänklern" das Leben etwas angenehmer zu machen, wurden die Vordersitzlehnen ein wenig dünner gehalten, ansonsten hatte sich jedoch kaum etwas verändert.

unten
Das Interieur des XK 150 gab sich luxuriös wie nie zuvor, die Ellbogenfreiheit profitierte von den dünneren Türen.

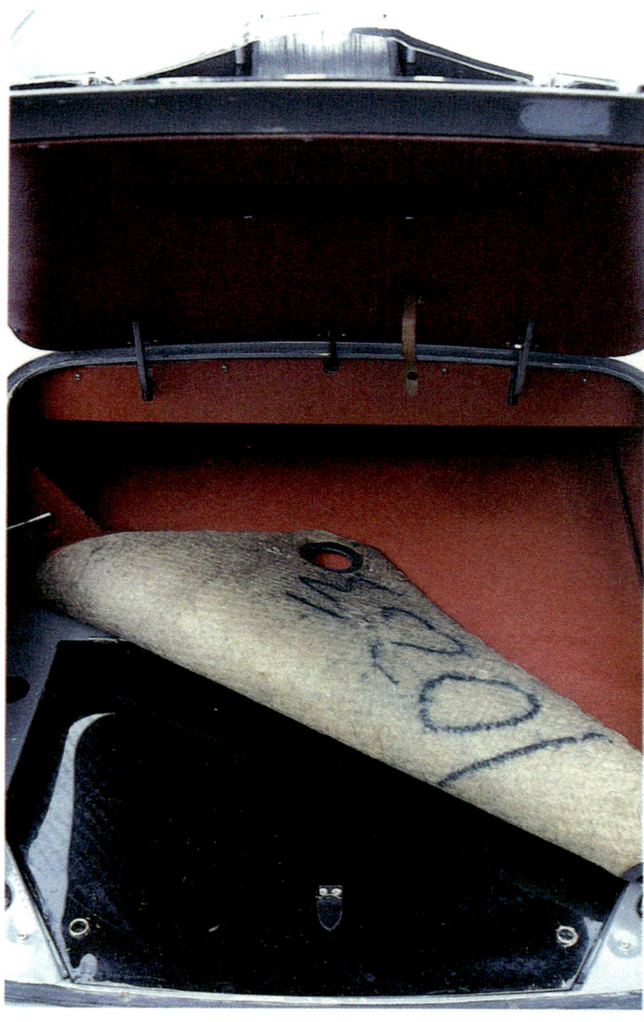

vorherige Seite, oben
Die hinteren Seitenscheiben ließen sich immer noch ausstellen. Die abgebildete rote „Furflex“-Samteinfassung ist heute in vielen verschiedenen Farben erhältlich.

vorherige Seite, links unten
Die Türverkleidungen hatten größere Kartentaschen und eine dünne Chromleiste erhalten. Die Türöffner funktionieren zwar wie die des XK 140, lassen sich jedoch nicht gegen diese austauschen. Die gezeigte Version besitzt bereits die durchbrochenen Armlehnen der späteren Modelle – die der ersten Exemplare waren massiv und ohne Durchgriff.

vorherige Seite, unten rechts
Zur Beförderung langer Gegenstände (z.B. Golfschläger) ließ sich die Kofferraumtrennwand nach wie vor umlegen. Die hinteren Radhausverkleidungen waren beim XK 150 kantiger als bei den Vorgängermodellen.

oben links
Der Blick in den Kofferraum offenbart wenig Neues, und in der Tat wurden einige Blechteile vom XK 140 verarbeitet. Durch die Aussparung in der Deckelverkleidung konnte die Kennzeichenbeleuchtung gleichzeitig als Kofferraumbeleuchtung genutzt werden. Die runden Aussparungen für die Kofferraumverriegelung in der Hardura-Matte waren beim XK 150 in Gummi gefaßt.

unten links
An der Unterseite des Kofferraumbodens waren wie beim XK 140 verschiedene Werkzeuge befestigt. Entriegelt wurden die Hakenschlösser des Zwischenbodens mit Hilfe eines T-förmigen Vierkantschlüssels.

oben rechts
Die Speichenrad-Versionen hatten einen Thor-Kupfer/Lederhammer im Bordwerkzeug. Das eingeschraubte Vorderteil der Reserveradwanne müßte ungeachtet der Wagenfarbe eigentlich schwarz lackiert sein, der Wagenheber dagegen immer rot.

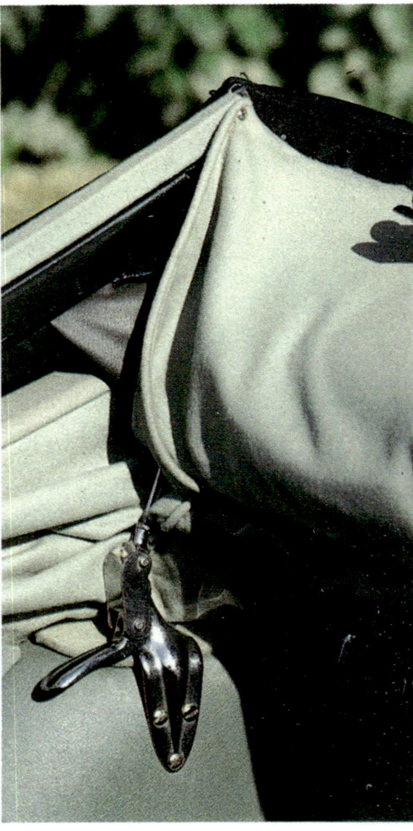

links
Der Innenraum des Cabriolets brauchte sich dank des aufwendig verkleideten Verdeckhimmels nicht hinter dem des Coupés zu verstecken.

oben
Wie beim XK 140 wurde auch beim XK 150 Cabriolet das geöffnete Verdeck durch zwei verchromte Sturmhaken niedergezurrt, wobei die Haken jedoch nicht identisch waren.

nachstehende Seite, oben
Um wieviel einfacher dagegen das Roadster-Verdeck gefertigt war, erkennt man bereits an den unverkleideten Verdecksprigeln. Die Heckscheibe konnte immer noch nach Öffnen des Reißverschlusses nach unten geklappt werden.

nachstehende Seite, unten
Maßgeschneiderte XK-Roadster-Verdecke sind heute von Spezialisten erhältlich, Verdeckgestänge werden angeblich in den USA nachgefertigt. Die Chromzierleiste über dem Heckfenster gibt es nur als Sonderanfertigung.

oben links
Wegen der fehlenden Rücksitze bleibt hinter den Sitzen des Roadsters relativ viel Platz für kleinere Gepäckstücke. Vor dem Öffnen des Verdecks mußte erst die am hinteren Innenraumrand angebrachte Abdeckung aus Verdeckstoff zurückgeschlagen werden.

oben rechts
Nach dem Lösen der Verdeckverschlüsse an der Windschutzscheiben-Oberkante und dem Aushängen der hinteren Abschlußleiste aus den „Teardrop"-Haken ließ sich das Verdeck anheben und nach hinten klappen.

kleines Bild Mitte
Wenn das Verdeck sauber gefaltet hinter den Sitzlehnen lag, wurde die Abdeckung wieder nach vorne geklappt.

unten
Als Zubehör gab es diese praktische Spritzdecke (Tonneau Cover), die sich einfach an der hinteren Abdeckung und vorne an den Belüftungsklappen anknöpfen ließ.

oben
Bis auf einige frühe Exemplare waren alle XK-150-Armaturenbretter lederbezogen. Dessen Seitenteile und die Polsterkante entlang der Türen waren farblich auf die Sitzbezüge abgestimmt.

Mitte
Die Instrumententafel war stets mit grauem Leder bezogen. Im Gegensatz zu den Modellen XK 120 und 140 bewegte sich beim XK 150 die Drehzahlmessernadel im Uhrzeigersinn. Manche Exemplare hatten einen elektrischen Drehzahlmesser. Diese Drehzahlmesser erkennt man am Fehlen der Zahlen im Uhrenzifferblatt, wie hier abgebildet.

unten
Der Overdriveschalter wurde bei Bedarf ganz in der fahrerseitigen Ecke des Armaturenbretts installiert.

ARMATURENBRETT UND INSTRUMENTE

Eine Handvoll frühe Exemplare wurde mit blanker Aluminium-Instrumententafel ausgeliefert, doch danach wurde diese Fläche bei allen Versionen mit grauem Leder bezogen, die links und rechts angrenzenden mit farblich auf die Sitzpolster abgestimmtem Leder. Die drei Sektionen des Armaturenbretts waren von einer Chromleiste umgeben und durch Chromleisten unterteilt. Die Oberkante des Armaturenbretts war mit einer dick gepolsterten Lippe versehen, unter deren Mittelstück sich anfangs der Blinkerschalter verbarg. Ab Juni 1958 wurden die Blinker über einen konventionellen Lenkradhebel betätigt. Die Frischluftheizung der späten Modelle wurde über einen in die Chromleiste der oberen Instrumententafelumrandung eingelassenen Schieberegler bedient.

Die Armaturenbrettoberseiten von Coupé und Cabriolet waren identisch, jedoch beim Roadster schmaler.

oben
Blick in den Motorraum eines originalen XK 150 Coupés. Man beachte das beim XK 150 von der Kühlergrillunterkante an die Kühleroberseite gewanderte Haubenschloß. Dieser Wagen ist mit der Frischluftheizung ausgestattet, bei der die durch die Belüftungsklappen in den Kotflügeln angesaugte Luft über Schläuche durch den Wärmetauscher und von dort in die Fußräume geleitet wurde.

nachstehende Seite
Der Motorraum dieses erst kürzlich restaurierten Roadsters erstrahlt natürlich noch in hellem Glanz. Man erkennt die beim Roadster völlig anders gestalteten Haubenscharniere. Man muß schon genau hinsehen (und sich gut auskennen) um zu bemerken, daß die Kolbendämpferschrauben in den Vergaserdomen fälschlicherweise aus Plastik sind, das Haubenschloß in Wagenfarbe lackiert sein sollte und die Flaschenzugaufnahmen zwischen den Nockenwellendeckeln erst viel später montiert wurden.

MOTOR

Anfangs wurde der XK 150 mit zwei verschiedenen Motorversionen angeboten, zu denen sich später jedoch noch eine ganze Reihe mehr gesellten. Die Standardausführung erhielt den Motor des XK 140, die „Special Equipment"-Versionen dagegen ein Triebwerk mit dem neuentwickelten B-Type-Zylinderkopf. Der hellblau lackierte Zylinderkopf war mit den 41 mm großen Auslaßventilen mit gewölbten Tellern des C-Type-Kopfes und im Winkel von 45° (statt 30°) angestellten Einlaßventilen ausgerüstet. Er entlockte dem Sechszylinder wie der C-Type-Kopf 210 PS, die jedoch wie das deutlich gestiegene Drehmoment bereits bei wesentlich niedrigeren Drehzahlen zur Verfügung standen. Zeitgleich mit der Vorstellung des XK 150 Roadster wurde eine „S"-Version für alle drei Karosserievarianten ins Programm genommen. Herzstück dieser Version war der golden lackierte, sogenannte „Straight-Port-Head", ein Zylinderkopf mit relativ gerader Kanalführung, bestückt mit neuen Vergasern und einem neuen Ansaugkrümmer. In Verbindung mit 9:1 verdichtenden Kolben, Blei-Bronze-Kurbelwellenlagern und erleichterter Schwungscheibe verhalf er dem XK-Triebwerk zu einer Leistung von 250 PS. Die Modellpalette wurde bald darauf durch eine 3,8-Liter-Motorversion mit wahlweise B-Type- oder Straight-Port-Zylinderkopf erweitert. Die erstgenannte Version hatte einen blau lackierten Kopf und produzierte 220 PS, die zweite, bis dato stärkste XK-Motorvariante, einen goldfarbenen Kopf, mit dem angeblich 265 PS mobilisiert wurden. Sämtliche Leistungsdaten sollten jedoch mit einer Portion Skepsis zur Kenntnis genommen werden!

VERGASER

Die „S"-Versionen der 3,4- und 3,8-Liter-Motoren atmeten durch drei 2-Zoll-SU-Vergaser, die über einen neuen Ansaugkrümmer jeweils zwei Zylinder versorgten. Die Ansaugtrichter der Vergaser ragten in den rechten Innenkotflügel hinein, in dem sich der Luftfilter befand, weshalb bei diesen Versionen einige Änderungen an Blechteilen und Batteriekasten vorgenommen worden waren.

KÜHLSYSTEM

Der in den XK 150 eingebaute Kühler unterschied sich von denen der XK-140-Modelle durch einen hinter dem Wasserkasten angesetzten Einfüllstutzen. Alle Kühlwasserschläuche sind noch erhältlich.

AUSPUFFANLAGE

Der XK 150 war je nach Ausführung mit einer Einrohr- oder einer Doppelrohr-Auspuffanlage ausgerüstet.

GETRIEBE

Schaltgetriebe- und Automatikversionen waren mit einer 3,54:1 übersetzten, Modelle mit Overdrive dagegen mit der kürzer, 4,09:1, übersetzten Hinterachse ausgestattet. Die „S"-Versionen waren zusätzlich mit einem „Powr-Lok"-Sperrdifferential ausgerüstet.

DETAILÄNDERUNGEN WÄHREND DER LAUFENDEN PRODUKTION

Fahrgestellnummern beziehen sich auf RHD/LHD. Ein Strich bedeutet, die Version war noch nicht im Programm, bzw. die Änderung wurde noch nicht berücksichtigt.

Juli 1957

Ab Motor-Nr. V.1191
Hydraulischer Steuerkettenspanner an der Öleintrittsbohrung im Block mit konischem Filtergewebeeinsatz (C.13457) versehen.

Champion-Zündkerzen-Benennungen geändert: L.10.S (Verdichtung 7:1) in L.7, N.8.B (Verdichtung 8:1) in N.8.

September 1957

Ab Motor-Nr. V.1599
Kleinere Lichtmaschinen-Riemenscheibe zur Erhöhung der Drehzahl montiert. Kürzerer Keilriemen erforderlich.

Ab Motor-Nr. V.1631
Hinterer Motorgehäusedeckel und Dichtring geändert. Inbusschrauben nun von oben eingesetzt.

Ab Fgst.-Nr. 824046/834491 (Coupé)
———/837030 (Cabriolet)
Automatikversionen mit „Bergstütze" (magnetschaltergesteuerte Sperre gegen unbeabsichtigtes Zurückrollen) ausgerüstet.

Ab Fgst.-Nr. 824023/834454 (Coupé)
———/837014 (Cabriolet)
Bremskolben der hinteren Bremssättel von 1 ¾ Zoll (44,4 mm) auf 1 ⅝ Zoll (41,3 mm) verkleinert.

Ab Motor-Nr. V.1281 (teilweise früher)
Längere Einlaßventilführungen eingebaut.

November 1957

Ab Motor-Nr. V.2011
Geändertes Ölfilter-Bypassventil mit Anschlag zur Ventilwegbegrenzung und längerer, schwächerer Feder eingebaut.

Ab Motor-Nr. V.1921
Die fünf Angüsse zur Aufnahme der Steuerdeckel-Paßstifte zur Verwendung fünf gleichlanger Stifte nachgearbeitet. Vorher waren ein kurzer und vier längere verwendet worden.

Ab Fgst.-Nr. 824076/834600 (Coupé)
827001/837071 (Cabriolet)
Oberer Teil der Lenksäule geändert.

Ab Motor-Nr. V.2029
Steuerketten-Anschlagdämpfer aus Nylon durch Gummi-Schwingelement ersetzt.

Ab Fgst.-Nr. 824096/834658 (Coupé)
827001/837090 (Cabriolet)
Sicherungen Nr. 1, 2, 5 und 6 nun 50 Ampere statt 35 Ampere.

Ab Automatikgetriebe-Nr.JBX 1001
Herstellung in England (Kennzeichnung „Letchworth, Herts, England") statt in den USA (Kennzeichnung „Detroit, Mich., USA").

Februar 1958

Hauptbremszylinder aus Grauguß statt Aluminium.

Mai 1958

Ab Fgst.-Nr. 824253/835301 (Coupé)
827011/837332 (Cabriolet)
Geänderte Türarmlehnen mit Durchgriff eingeführt.

Juni 1958

Speichenräder mit 60 Speichen eingeführt.

Ab Fgst.-Nr. 824414/835548 (Coupé)
827069/837415 (Cabriolet)
Blinkerschalter wandert vom Armaturenbrett an die Lenksäule.

Juli 1958

Ab Fgst.-Nr. ———/830439 (Roadster)
824420/835566 (Coupé)
827072/837434 (Cabriolet)
Regelschalter für Heizgebläsemotor eingeführt und neben Drehzahlmesser in der Instrumententafel installiert.

Ab Fgst.-Nr. 820001/830960 (Roadster)
824551/835671 (Coupé)
827168/837573 (Cabriolet)
Neue Hinterachs-Blattfedern mit stärkerer Hauptlage und geändertem Federauge. Zwischenlage erstreckt sich über die gesamte Federlänge.

Januar 1959

Ab Motor-Nr. V.5733/VS.1523
Keilriemen mit 12,5 mm Breite eingeführt und alle Riemenscheiben entsprechend geändert.

Ab Fgst.-Nr. 820004/831712 (Roadster)
824669/835882 (Coupé)
827236/837836 (Cabriolet)
Neue Scheibenbremssättel mit quadratischen Schnellwechsel-Bremsklötzen eingeführt.

Ab Fgst.-Nr. 820004/831698 (Roadster)
824668/835882 (Coupé)
827235/837831 (Cabriolet)
Modifizierte Kugelgelenke mit größerer Tragkugel und größerem Beugungswinkel eingeführt.

April 1959

Ab Fgst.-Nr. 820001/831250 (Roadster)
827209/837662 (Cabriolet)
Neue Stoßstange hinten mit näher beieinander plazierten Stoßstangenhörnern montiert.

Juni 1959

Ab Motor-Nr. V.6709
Blei-Indium-Kurbelwellenlager eingeführt.

Ab Fgst.-Nr. 820001/830560 (Roadster)
824453/835589 (Coupé)
827094/837468 (Cabriolet)
Kraftstofftank mit größer dimensionierter Entlüftung versehen und Einfüllstutzen-Überlaufwanne geändert.

Ab Fgst.-Nr. 820001/830001 (Roadster)
824677/835893 (Coupé)
827240/837846 (Cabriolet)
Federbelastete Kofferraumscharniere eingeführt.

Ab Motor-Nr. V.6861
Abstandsblech zwischen Ölfilter und Block entfällt. Kürzere Ölfilter-Befestigungsschrauben mit Kupferringen nur unter dem Schraubenkopf verwendet. Dichtfläche der Ölwanne ausgeschnitten, um Platz für das Ölfiltergehäuse zu schaffen.

Neue Methode zur Schraubensicherung bei der Montage von Drehzahlmesserantrieb und Adapterstück entwikkelt. Es werden Schrauben mit Nyloneinsätzen im Gewinde verwendet.

Ab Fgst.-Nr. 820014/831825 (Roadster)
824702/835905 (Coupé)
827258/837865 (Cabriolet)
Aschenbecher statt in der Tür nun am Getriebetunnel montiert.

Ab Fgst.-Nr. 820001/832071 (Roadster)
827340/838231 (Cabriolet)
Prismenförmig geschliffener Innenspiegel (C.14920) montiert.

Ab Fgst.-Nr. 824900/836219 (Coupé)
Prismenförmig geschliffener Innenspiegel (C.14900) montiert. Windschutzscheiben-Oberkante entsprechend geändert.

Ab Fgst.-Nr. ———/832088 (Roadster)
824900/836222 (Coupé)
827273/838259 (Cabriolet)
Lichtmaschine mit 25 Ampere und entsprechend angepaßter Regler eingeführt.

Ab Fgst.-Nr. 820038/832674 (Roadster)
824863/836184 (Coupé)
827349/838238 (Cabriolet)
Kofferraumdeckel-Haltestrebe samt Halterungen entfernt. Federn der Deckelscharniere vorgespannt, damit sie den Deckel selbständig offenhalten. Deckblech im Bereich der Federlagerung verstärkt.

Ab Fgst.-Nr. 820039/832076 (Roadster)
824864/836187 (Coupé)
827355/838246 (Cabriolet)
Die drei Sieb-Luftfilter der „S"-Versionen werden durch einen einzelnen Luftfilter mit Papierelement ersetzt.

Ab Fgst.-Nr. 820043/832089 (Roadster)
824903/836227 (Coupé)
827379/838273 (Cabriolet)
Verstärkter Halter für Kupplungs-Nehmerzylinder montiert.

Ab Fgst.-Nr. 820043/832089 (Roadster)
824903/836227 (Coupé)
827373/838272 (Cabriolet) (teilweise früher)
Mechanischer Drehzahlmesser durch elektrisch angetriebenen Drehzahlmesser ersetzt.

Ab Fgst.-Nr. 824964 (Coupé 150 „S")
Verstärktes Lager in der Gaspedal-Aufhängung eingeführt.

Hinterradnaben mit verbesserten Öldichtungen ausgerüstet.

Juli 1959

Ab Fgst.-Nr. 820017/831899 (Roadster)
824742/835935 (Coupé)
827272/837941 (Cabriolet)
Reservac-Tank (Unterdruck-Vorratsbehälter für Bremskraftverstärker) montiert.

Januar 1960

Ab Motor-Nr. V.7460/VA.1399/VS.2183/VAS.1085
Neue Ölwannendichtung und neues Kurbelwellen-Lagerschild hinten mit Kork/Gummidichtung eingeführt.

Ab Fgst.-Nr. 820066/832113 (Roadster)
852125/836635 (Coupé)
827505/838590 (Cabriolet)
Neuer Hauptbremszylinder eingeführt.

März 1960

Ab Motor-Nr. V.7464/VS.2188
Gezahnter Lüfterkeilriemen eingeführt.

Zylinderkopf für XK 150 „S" (3,8 Liter) ohne Quetschkante erfordert spezielle Kolben.

Ab Fgst.-Nr. ———/836724 (Coupé)
827510/——— (Cabriolet)
Neues Verbindungsstück erleichtert Handbremsbetätigung.

April 1960

Ab Motor-Nr. V.7496/VA.1708/VS.2197/VAS.1160
Unterlegscheiben zur Sicherung der beiden Halteschrauben des Steuerketten-Zwischendämpfers montiert.

Ab Motor-Nr.V.7524/VS.2195
Neue 9:1 verdichtende Kolben mit modifiziertem Kolbenboden.

Overdrivegetriebe beim XK 150 3,8-Liter mit schwächeren Kupplungsfedern versehen, um ein schnelleres Einlegen des Overdrive zu ermöglichen.

Drehmomentwandler der Automatikversionen mit neuen Einfüll-/Ablaßschrauben und Dichtringen versehen.

Ab Fgst.-Nr. 820071/——— (Roadster)
825179/836744 (Coupé)
827540/838754 (Cabriolet)
Warnleuchte für Handbremse und zu niedrigen Bremsflüssigkeitsstand eingebaut.

Armaturenbrett zum Einbau oben erwähnter Warnleuchte abgeändert.

Bremsflüssigkeits-Vorratsbehälter aus Polyäthylen eingebaut.

Handbremsklötze der Belagsorte M.34 eingeführt.

Auspuffendrohr nicht mehr am Schalldämpfer angeschweißt, sondern aufgesteckt und mit Schelle gesichert.

Neue Stoßdämpfer hinten mit 35-mm-Dämpferkolben montiert.

Mai 1960

Ab Fgst.-Nr. 820071/——— (Roadster)
825179/836744 (Coupé)
827540/838754 (Cabriolet)
Bremsklötze Ferodo DS.5 durch Mintex M.33 ersetzt.

Juni 1960

Ab Motor-Nr. VA.1882/VAS.1225
Overdrivegetriebe mit Magnetring versehen, um Abrieb und Späne zu binden.

November 1960

Ab Motor-Nr. V.76 12/VA.2004/VS.2207/VAS.1268
Drehzahlmesserantrieb zur Geräuschreduzierung überarbeitet.

Ab Motor-Nr. V.7640/VA.2054/VAS.1284
Neues Lagermaterial verwendet.

Ab Motor-Nr. VA.2053/VAS.1285
Anguß zur Befestigung einer Bray-Kühlwasservorwärmung rechts am Motorblock eingearbeitet.

Roter Teppich ab Motor-Nr.:
820069/——— (Roadster)
———/836687 (Coupé)
———/838661 (Cabriolet)

Hellbrauner Teppich ab Motor-Nr.:
———/832118 (Roadster)
825142/——— (Coupé)
———/838684 (Cabriolet)

Grüner Teppich ab Motor-Nr.:
———/836731 (Coupé)
827508/——— (Cabriolet)

Dunkelblauer Teppich ab Motor-Nr.:
———/832131 (Roadster)
———/836765 (Coupé)
827573/——— (Cabriolet)

Schwarzer Teppich ab Motor-Nr.:
———/832122 (Roadster)
———/836827 (Coupé)
———/838889 (Cabriolet)
Kurzfaser-Teppichboden statt Schlingenware bei den o.a. Teppichboden-Farbmustern.

USA-Linkslenker ab Fgst.Nr. 832138 (Roadster), 836855 (Coupé), 838904 (Cabriolet)

Neue Scheinwerfer im Zuge der neuen amerikanischen Straßenzulassungsordnung.

Februar 1961

Ab Motor-Nr. V.7656/VA.2202/VS.2212/VAS.1293
Steuergehäusedeckel aus Druckguß eingeführt.

Ab Motor-Nr. V.7656/VA.2204/VS.2212/VAS.1293
Neue Pleuelaugen-Lagerbüchsen eingeführt.

Ab Motor-Nr. VA.2251
Steuergehäuse-Unterteil mit neuen Bolzen mit längerem Gewinde befestigt.

Ab Motor-Nr. VA.2260
Führungsrohr für Ölmeßstab angesetzt.

SONDERZUBEHÖR

Radiogeräte mit Lautsprecher (verschiedene Modelle)
Schalensitze
Zusätzlicher Außenspiegel zur Montage auf dem Kotflügel
Ölwannenschutz (bei Exportmodellen für bestimmte Länder serienmäßig montiert)
Felgenzierringe
Weißwandreifen (Dunlop 6.00 x 16)
Windschutzscheibe (entspiegeltes Glas)
Jaguar-Kühlerfigur
Verchromte Zierleiste (hinten) zur Kühlerfigur-Montage
Verchromte Zierleiste (vorn) zur Kühlerfigur-Montage
Borg-Warner-Getriebeautomatik
Laycock-de-Normanville-Overdrive

„SPECIAL EQUIPMENT"-VERSIONEN

Speichenräder mit kerbverzahnten Naben und Zentralmuttern
Zwei Lucas-Nebelscheinwerfer

LACK- UND FARBKOMBINATIONEN

KAROSSERIE	INNENAUSSTATTUNG			VERDECK	
	ROADSTER	COUPÉ	CABRIOLET	ROADSTER	CABRIOLET
Perlgrau	Rot Hellblau Dunkelblau Grau	Rot Hellblau Dunkelblau Grau	Rot Hellblau Dunkelblau Grau	Blau Schwarz Französischgrau	Blau Schwarz Französischgrau
Kastanienbraun	Kastanienbraun	Kastanienbraun	Kastanienbraun	Schwarz Sandfarben	Schwarz Sandfarben
Creme	Rot	Rot	Rot Hellblau Dunkelblau	Beige Schwarz Blau	Beige Schwarz Blau
Indigoblau	Hellblau Dunkelblau Grau	Hellblau Dunkelblau Grau	Hellblau Dunkelblau Grau	Blau Schwarz	Blau Schwarz
Weinrot	Rot Kastanienbraun	Rot Kastanienbraun	Rot Kastanienbraun	Schwarz Sandfarben	Schwarz Sandfarben
Cotswold-Blau	Dunkelblau Grau	Dunkelblau Grau	Dunkelblau Grau	Blau Schwarz	Blau Schwarz
Schwarz	Rot	Rot Hellbraun Grau	Rot Hellbraun Grau	Schwarz	Schwarz Sandfarben
Nebelgrau	Rot Hellblau Dunkelblau Grau	Rot Hellblau Dunkelblau Grau	Rot Hellblau Dunkelblau Grau	Französischgrau Schwarz	Französischgrau Schwarz
Sherwood-Grün	Hellbraun Veloursgrün	Hellbraun Veloursgrün	Hellbraun Veloursgrün	Französischgrau Schwarz	Französischgrau Schwarz
Karmesinrot	Rot	Rot	Rot	Schwarz	Schwarz
British Racing Green	Hellbraun Veloursgrün	Hellbraun Veloursgrün	Hellbraun Veloursgrün	Waffengrau Schwarz	Waffengrau Schwarz
Cornish-Grau	Rot Hellblau Dunkelblau Grau	Rot Hellblau Dunkelblau Grau	Rot Hellblau Dunkelblau Grau	Französischgrau Schwarz	Französischgrau Schwarz

FAHRGESTELLNUMMERN UND BAUZEITRAUM

Ausführung	Bauzeitraum	Fahrgestellnummern	
		RHD	LHD
Coupé (FHC)	1957-1960	824001	834001
Cabriolet (DHC)	1957-1960	827001	837001
Roadster (OTS)	1958-1960	820001	830001

Ein „DN" vor der Fahrgestellnummer steht für „Overdrive".

Motornummern begannen mit V.1001 (3.4), VA.1001 (3.8), VS.1001 (3.4 S) und VAS.1001 (3.8 S).

Kaufberatung

Der Kauf eines Jaguar XK ist ein risikoreiches Geschäft, vor dem man sich tunlichst etwas mit der Materie vertraut gemacht haben sollte. Diese Modelle zählen nämlich zu den am schwierigsten zu restaurierenden Automobilen, was die für fachgerechte Restaurationen veranschlagten Zeitpläne und Preise belegen.

Bevor Sie sich in das Abenteuer stürzen, sollten Sie versuchen andere XK-Besitzer kennenzulernen, die Ihnen aufgrund ihrer speziellen Erfahrungen sicherlich eine Menge Tips und Warnungen geben und vielleicht einige Fehler vermeiden helfen können. Leider gibt es in der Oldtimerbranche unzählige Firmen, die ihre oft vollmundigen Versprechen am Ende nicht halten können, egal ob aus Unfähigkeit oder bösem Vorsatz. Allerdings war auch die Zahl wirklich guter Restauratoren noch nie so groß wie heute, und der frischgebackene XK-Besitzer hat buchstäblich die Qual der Wahl.

Wer über Zeit und handwerkliches Geschick verfügt, oder zumindest die Bereitschaft mitbringt, dieses Geschick zu erwerben, der sollte die Restauration auf jeden Fall selbst in die Hand nehmen. Doch auch im Idealfall wird kaum jemand sämtliche Arbeiten selber ausführen können, so daß man sich früher oder später an einen Spezialisten wird wenden müssen.

Die Betonung liegt hier auf dem Wort „Spezialist", denn wer wollte schon seinen Liebling als Lehrstück irgendeiner Werkstatt überlassen? Scheuen Sie sich jedoch nicht, erst einmal verschiedene Angebote einzuholen, und lassen Sie sich nicht blenden: Die größten Gauner haben bisweilen die seriösesten Anzeigen! Die echten Spezialisten haben es zudem kaum nötig, die Werbetrommel zu rühren.

Sprechen Sie mit so vielen Experten wie möglich und hören Sie sich ihre Ratschläge und Empfehlungen an. Nach einer Weile werden Sie abwägen können, wer etwas von seinem Handwerk versteht und wer nur so tut als ob. Es gibt überdies keine bessere Empfehlung als eine bereits durchgeführte Restauration und einen zufriedenen Kunden. Die Anzahl der Geschäftsjahre, auf die so gerne verwiesen wird, ist nicht unbedingt eine Garantie für gute Arbeit, sollte im Zweifelsfall jedoch nicht außer Acht gelassen werden.

Manche Kostenvoranschläge erscheinen auf den ersten Blick unverschämt hoch, doch hüten Sie sich vor Billigangeboten! Entweder ist die betreffende Firma noch nicht lange im Geschäft, oder die geforderte Summe wird im Verlauf der Restaurierungsarbeiten Zug um Zug erhöht, bis sie am Ende mindestens mit dem scheinbar überteuerten Kostenvoranschlag gleichzieht, ja, ihn nicht selten übersteigt.

Am besten bemüht man sich noch vor dem Kauf um einen Spezialisten, den man dann bei der Untersuchung des Kaufobjekts als Berater hinzuziehen kann. Wer keinen solchen Berater hat, sollte sich die folgenden Zeilen umso aufmerksamer durchlesen!

Da die Restauration der Karosserie erfahrungsgemäß der teuerste Posten jeder Restaurierung ist, empfiehlt es sich, das zum Verkauf stehende Objekt besonders aufmerksam auf Rostschäden zu untersuchen. Während man die Karosserie Schritt für Schritt, von vorne nach hinten unter die Lupe nimmt, sollte man vor allem die nachfolgend genannten Stellen auf Blasen im Lack, lose Bleche und Risse über Spachtelmasse überprüfen:

Kotflügelunterkanten
Unterkanten der Scheinwerfertöpfe
Standleuchtengehäuse (Ausnahme frühe XK 120)
Kotflügelflanken
Fußraum-Belüftungsklappen (Ausnahme frühe XK 120)
Kotflügeloberkanten
Radlaufkanten (um Draht gebördelt)
Batteriekästen (falls vorhanden)
Türscharniere (Tür anheben)
Türschweller
Türen (speziell Unterkanten)
Hintere Türstirnseiten
Innenraumboden hinten (bei 2+2-sitzigen Modellen)
Hintere Radhäuser und Innenkotflügel
Deckblechstreifen links und rechts vom Kofferraumdeckel
Hintere Kotflügel (speziell in dem Bereich, wo die drei letztgenannten Bleche zusammengefügt sind)
Reserveradwanne

Achten Sie darauf, daß die Fahrzeugmechanik komplett ist, da nicht oder schwer zu beschaffende Teile im Regelfall überholt werden können.

Die Innenausstattung stellt den Amateurrestaurator vielleicht vor die größten Probleme, doch zum Glück gibt es eine ganze Reihe auf XK-Interieurs spezialisierte Unternehmen. Die Firma Suffolk & Turley verfügt über die Original-Schnittmuster und hat schon früher für Jaguar gearbeitet. Man könnte meinen, daß die Restauration der eher spartanischen Roadster-Innenausstattung billiger kommen müßte als die eines Cabriolet-Interieurs, doch dem ist beileibe nicht so, was sicher durch die zahlreichen Kleinigkeiten, die den Reiz des Roadster-Cockpits ausmachen, zu erklären ist.

So solide der XK-Rahmen auch ausgelegt sein mag, die Zeit macht auch vor dickstem Stahl nicht halt, und auch bei den gepflegtesten Exemplaren ist eine Untersuchung der kritischen Punkte angeraten. Zu diesen zählen unter anderem die hinteren Rahmenausleger im Bereich der Blattfederaufnahmen, sowie die vorderen Radaufhängungen. Die Untersuchung dieser Stellen ist deshalb so wichtig, weil sich herausgestellt hat, daß eine Rahmenreparatur aus wirtschaftlichen Erwägungen unrentabel ist. Zwar kann ein geübter Schweißer einzelne Sektionen retten, doch seien Sie lieber pessimistisch – zum Zeitpunkt, da diese Zeilen geschrieben werden, gibt es keine neuen Rahmen mehr! Verzogene XK-Rahmen sind aufgrund ihrer robusten Konstruktion selten. Überprüfen kann man die Maßhaltigkeit anhand des Spalts zwischen Torsionsstäben und Rahmenträgern – verläuft der Spalt nicht parallel, dann ist irgend etwas faul!

In den letzten Jahren wurden zwar immer mehr Chrom- und sonstige Zierteile nachgefertigt, doch gibt es immer noch eine Reihe von Kleinigkeiten, die nur mit viel Mühe und Geduld auf Teilemärkten oder über Kleinanzeigen zu beschaffen sind. Da gerade diese Dinge einen Restaurator an den Rand der Verzweiflung treiben können, sollte man sich keinen XK zulegen, bei dem diese Zierteile von vorneherein fehlen oder unbrauchbar sind.

Skepsis ist bei jedem angeblich restaurierten Wagen angesagt, es sei denn, der Verkäufer kann schlüssig beweisen, daß die Restauration von einem anerkannten Spezialisten durchgeführt wurde. Leider waren es aber oft Stümper oder Händler, die bereits vor Beginn der Arbeiten eine feste Vorstellung vom Verkaufspreis des Wagens hatten, mit anderen Worten also mit einem festgesetzten, oft sehr knappen Budget operieren mußten. Un- oder teilrestaurierte Exemplare in Kisten und Tüten mögen auf den ersten Blick preiswert sein, doch selbst ein Fachmann hätte Mühe festzustellen, ob wirklich alles komplett ist.

Mein ernstgemeinter Rat: Kaufen Sie den schlechtesten XK, den Sie kriegen können, und restaurieren Sie ihn selbst! Wobei es natürlich ein paar Kleinigkeiten zu beachten gilt: Zum einen dürfen bestimmte Zierteile nicht fehlen und müssen außerdem für eine Neuverchromung geeignet sein, und zum anderen darf das Chassis keine Durchrostungen aufweisen. Im Idealfall sollte der Originalmotor noch drin und das Fahrzeug komplett sein – der Zustand der Lackierung ist für unser Vorhaben eigentlich vernachlässigbar. Wenn die Karosserie erst einmal abgebeizt ist, interessiert sich niemand mehr dafür, ob der Wagen vorher neu lackiert worden war – nur, daß Sie für einen frisch lackierten XK wahrscheinlich deutlich tiefer in die Tasche gegriffen haben!

Ein Vorteil des gestiegenen Preisniveaus ist meiner Meinung nach, daß es nun endlich auch finanziell möglich (weil lohnend) ist, einen XK sach- und fachgerecht zu restaurieren. Eine Restauration ist ein langwieriges, schwieriges und teures Unterfangen, doch wenn man sein Fahrzeug später auch so bewegen will, wie sich die Konstrukteure das einst vorgestellt haben, führt an einer guten Restauration kein Weg vorbei. Am Ende der Geduldsprobe erwarten Sie dafür die einzigartigen Genüsse des XK- Fahrens, egal ob in einem XK 120, einem XK 140 oder einem XK 150!

VERKAUFSZAHLEN

Jahr	Binnenmarkt			Export			
	Roadster	Coupé	Cabrio	Roadster	Coupé	Cabrio	S
1949 (XK 120)				62			
1950	185			1142			
1951	261			1062	187		
1952	67	3		1571	1367		
1953	78	76	141	1160	806	1099	
1954	18	73	122	2010	225	405	
1954 (XK 140)	7	1	2	474	2	68	
1955	35	461	284	1421	1189	1124	
1956	7	270	144	1194	844	1106	
1957		1		212	32	65	
1957 (XK 150)		112	1		856	160	
1958	5/6	513	243	1173	1163/1	781	693
1959	2/40	358	151	107/147	638/92	530/135	
1960	22	216	148	66	475	443	
1961	1	6	6		5		

Die offizielle Zahl der XK-150-S-Versionen ist leider nicht bekannt. Die Zahlen hinter den Schrägstrichen beziehen sich auf diese Versionen und sind mit einiger Sicherheit korrekt. Die offizielle Zahl 693 in der Spalte S bezieht sich wahrscheinlich auf alle Modelle. Die Jahrgänge 1960 und 1961 lassen sich leider nicht nach XK-150-S-Versionen aufschlüsseln.

RESTAURATOREN, ERSATZTEIL-HÄNDLER, SPEZIALISTEN, CLUBS

Classic Autos
10 High Street, Kings Langley Herts, England,
Telefon: (0044/9277) 62994;
Geschäftsführer: Aubrey Finburgh;
Ersatzteile, Blecharbeiten, Komplettrestaurationen.

Classic Dashboards
Bournemouth, England,
Telefon: (0044/202) 575167;
Geschäftsführer: Dusty Whibley;
Armaturenbrett-Versiegelungen und Reparatur von Innenraum-Holzteilen.

Classic Power Units
Tile Hill, 18 Trevor Close Coventry, England,
Telefon: (0044/203) 461136;
Geschäftsführer: George Hodge;
XK-Motorenspezialist.

Contour Autocraft
Station House, French Drove, Gedney Hill, Spalding, Lincs PE12 0NR, England,
Telefon: (0044/406) 330504;
Geschäftsführer: Iain und Bruce Macleod;
Hersteller von Reparaturblechen und kompletten Karosserieeinheiten.

Coventry Auto Components
Billingwood, Waste Lane, Berkswell, Coventry, Warwickshire, England,
Telefon: (0044/203) 464644;
Geschäftsführer: Trevor Scott-Worthington;
Spezialisten für Karosserie- und Innenraum-Zierteile, sowie Bremsen-, Elektrik- und Radaufhängungsteile, Katalog erhältlich.

DK Engineering
Unit D, 200 Rickmansworth Road, Watford, Herts WD1 7JS, England,
Telefon: (0044/923) 55246;
Geschäftsführer: David Cottingham;
Fahrzeuge, Ersatzteile und Restaurationen.

Alan R. George
Plot 11, Small Firms Compound, Dodwells Bridge Industrial Estate, Hinckley, Leics, England,
Telefon: (0044/455) 615937;
Geschäftsführer: Alan George;
Spezialist für Schalt- und Automatikgetriebe.

Bill Lawrence
9 Badger's Walk, Dibden Purlieu, Hampshire, England,
Telefon: (0044/703) 846768;
Geschäftsführer: Bill Lawrence;
Hersteller von Reparaturblechen und kompletten Karosserieeinheiten.

David Manners
991 Wolverhampton Road, Oldbury, West Midlands B69 4RJ, England,
Telefon: (0044/21) 544 4040;
Geschäftsführer: David Manners;
Edelstahl-Auspuffanlagen.

Marina Garage Ltd.
7 Woodside Road, Southbourne, Bournemouth, England,
Telefon: (0044/202) 417177;
Geschäftsführer: Bob Davis;
Restaurationen.

RS Panels
Kelsey Close, Attleborough Fields Industrial Estate, Nuneaton CV11 6RS, England,
Telefon: (0044/203) 388572/89561;
Geschäftsführer: Bob Smith;
Hersteller von Kotflügeln, Restaurationen und Lackierungen.

Suffolk & Turley
Unit 7, Attleborough Fields Industrial Estate, Garrett Street, Nuneaton, Warwickshire, England,
Telefon: (0044/203) 381429;
Geschäftsführer: Eric Suffolk und Mick Turley;
Hersteller von Innenausstattungen.

Vintage & Classic International Ltd.
Unit 43B, Hartlebury Trading Estate, Kidderminster, Worcs DY10 4JB, England,
Telefon: (0044/299) 251353;
Hersteller und Lieferant von Lucas-Ersatzteilen.

Pieter Zwakman
C. de Vriesweg 17, Industrial Estate, 1746 CL Dirkshorn, Niederlande,
Telefon: (0031/2245) 848;
Geschäftsführer: Pieter Zwakman;
Ersatzteile und Restaurationen.

Deutsche Adressen

Arden Jaguar
Kalkarer Str. 21–23, 4190 Kleve,
Telefon: (02821) 21549 u. 29200.

British Classic Cars Karl-Heinz Speicher
Talstr. 14, 7804 Glottertal,
Telefon: (07684) 710.

Classic Spares
Westerholzstr. 49, 2800 Bremen,
Telefon: (0421) 455540.

Classic Carriage
Münchner Str. 110, 8060 Dachau,
Telefon: (08131) 10049.

Flying Dutchman GmbH
Feldstr. 15–17, 2814 Bruchhausen-Vilsen,
Telefon: (04252) 2079;
Ersatzteile für SS- und Jaguar-Modelle.

ISP Nothacker British Motor Heritage Supplies
Bahnstr., 6240 Königstein / Ts.,
Telefon: (06174) 4077.

Jaguar Deutschland GmbH
Frankfurter Str., 6242 Kronberg / Ts.,
Telefon: (06173) 7050.

Jaguar Kuprianoff Motors GmbH
Unterer Dornenweg 9, 7500 Karlsruhe 31,
Telefon: (0721) 70368.

Manfred Berger
Innere Wiener Str. 40, 8000 München 80,
Telefon: (089) 4487440.

Michael Groß
Jacobsenweg 61–63, 1000 Berlin 27,
Telefon: (030) 8916645, 8922223, 8235397.

Norbert Berger
Suitbertusstr. 6, 4030 Ratingen 1,
Telefon: (02101) 15342;
Ersatzteile für Jaguar-Modelle

Oldtimer Veteranen Shop GmbH
Am Kalkofen, 6270 Idstein / Ts.,
Telefon: (06126) 4081.

Puhane & Böhme GbR.
Markgrafenstr. 9, 7800 Freiburg,
Telefon: (0761) 273183 Büro/484070 Werkst.

Roger Schweikert GmbH & Co KG
Karlsruher Str. 40, 7530 Pforzheim;
Jaguarteile, Rennteile, Spezialanfertigungen.

The XK Place H. Albrecht
Lessingstr. 11, 3423 Bad Sachsa,
Telefon: (05523) 2109;
Ersatzteile für Jaguar XK 120/140/150.

W. v. Alten
2814 Scholen 24,
Telefon: (04252) 794;
Jaguar-Teile.

Clubadressen

Jaguar Association Germany e. V.
Dr. Gerrit Balken, Poststr. 22,
2844 Lemförde.

Jaguar-Club Wallis
Dr. Imesch, 25 Avenue de la Gare,
CH-1950 Sion.

Jaguar Driver's Club Austria
H.-M. Kaltschmidt, Sensengase 4/6,
A-1090 Wien,
Telefon: (0222) 461275.

Jaguar Drivers Club Germany
Frank G. Hertel, Ulmenhofstr. 40,
8750 Aschaffenburg,
Telefon: (06029) 6319 u. 6719.

Jaguar Driver's Club Switzerland JDCS)
Postfach 446, CH-4503 Solothurn.

Jaguar-Liebhaber Zentralschweiz
Bruno Amstutz, Postfach, CH-6370 Stans.

Jaguar XK-Register Deutschland
P. Kuprianoff, Daxlanderstr. 68,
7500 Karlsruhe 21.

Swiss Jaguar E-Type Club
Postfach 65, CH-4335 Laufenburg.